The Visual Guide to Mathematics

目でみる算数の図鑑

清水美憲 監修　こどもくらぶ 編

東京書籍

目でみる算数の図鑑

ビジュアル INDEX

この本は、「1. 立体図形のおもしろさ」、「2. 平面図形のふしぎ」、「3. 長さ・量と測定」、「4. 数と比のうつくしさ」の4つのパートに分かれています。

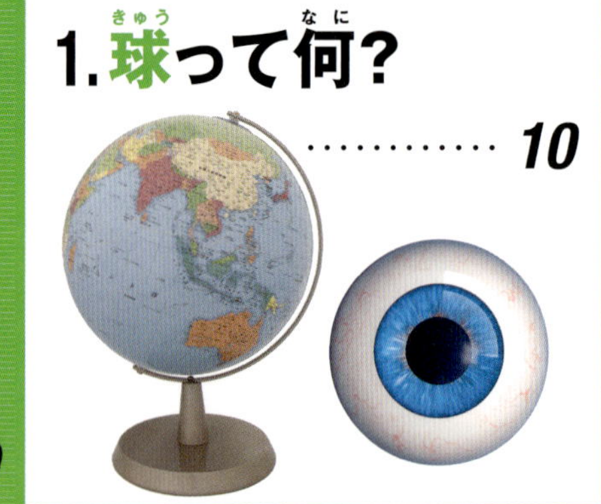

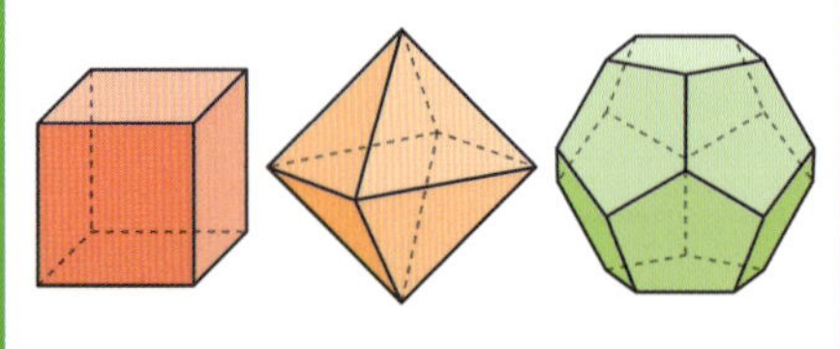

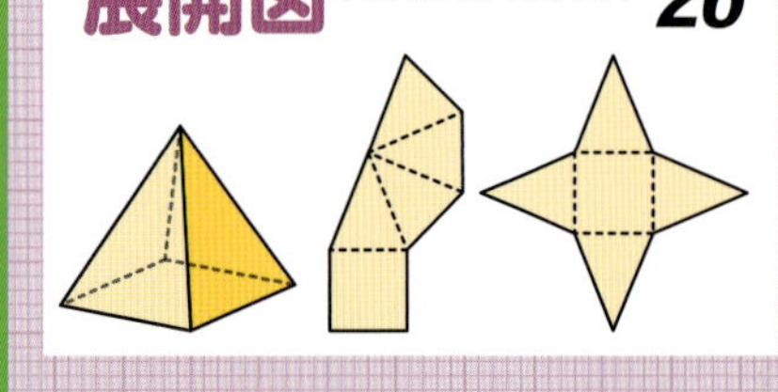

PART2 平面図形のふしぎ

1.618
1

はじめに

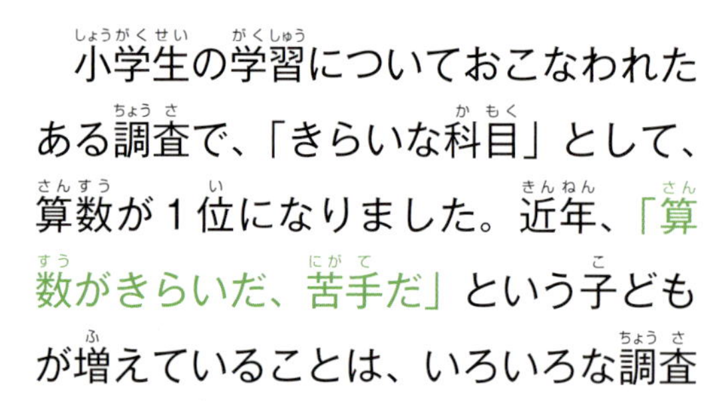

きらいな科目1位は、算数

小学生の学習についておこなわれたある調査で、「きらいな科目」として、算数が１位になりました。近年、「算数がきらいだ、苦手だ」という子どもが増えていることは、いろいろな調査からよく知られています。

この大きな理由としては、算数がつまずきやすい教科であることがあげられています。

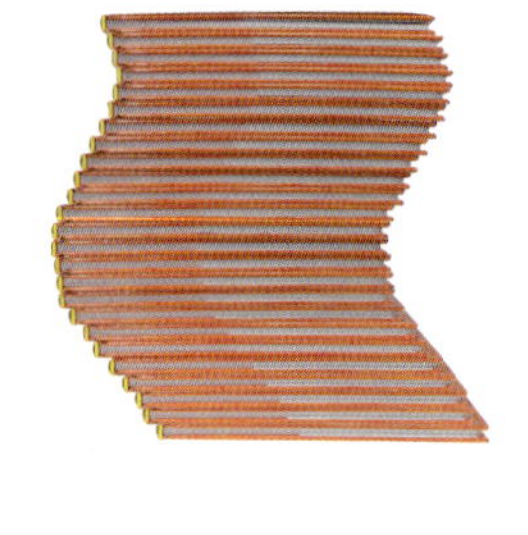

「九九」がなかなか覚えられないという子どもは、けっこう多くいます。どうして覚えられないの？　練習すればかならず覚えられる、などといわれると、よけいにいやになってしまうのでしょう。数字を見ただけで頭がいたくなるような感じになる子もいます。

このように、どこかでつまずいてしまい、わからないとなると、その先は、算数ぎらいへの道をまっしぐら……。

つまずくところは、いくらでもあります。繰りあがり・繰りさがりの計算、分数、割合……。

算数という教科は、小学１年生から６年生まで、内容や単元がつながっていて、しだいにむずかしくなっていきます。このため、どこかでつまずいてしまうと、その先が理解できなくなり、それが続くうちに、容易に算数ぎらいになってしまうのです。

算数の本のようには思えないけれど

では、ここで問題です。

最近太ってきて、ベルトの穴を１つゆるめた（ウエストが約３cm増えた）人は、どのくらいおなかが出っぱるでしょうか？　地球の赤道の回りにロープをまわしたとして、そのロープの長さを１ｍ のばしたら、ロープは地面からどのくらい離れるかを考えてみましょう （→P58）。

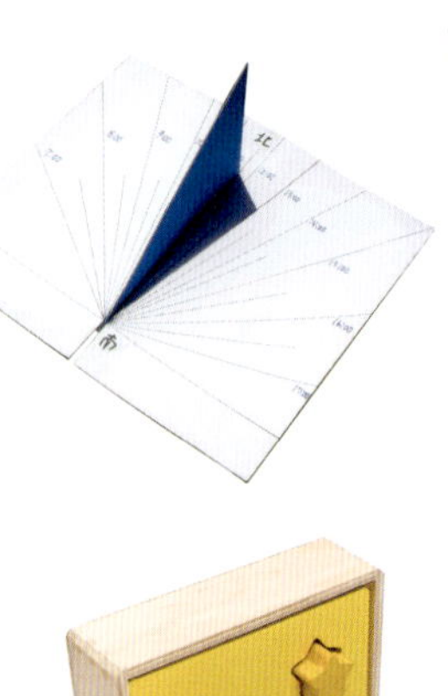

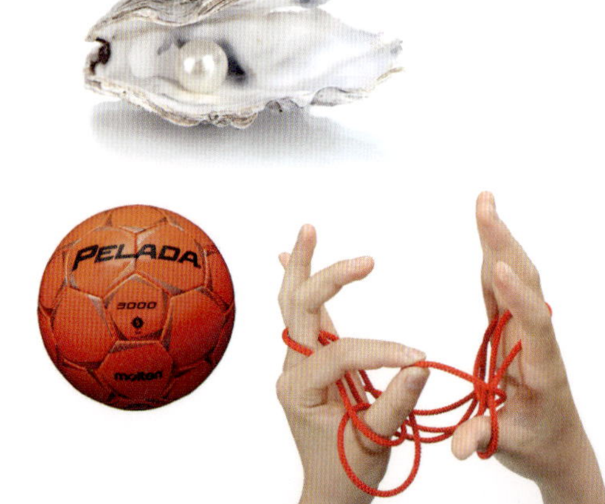

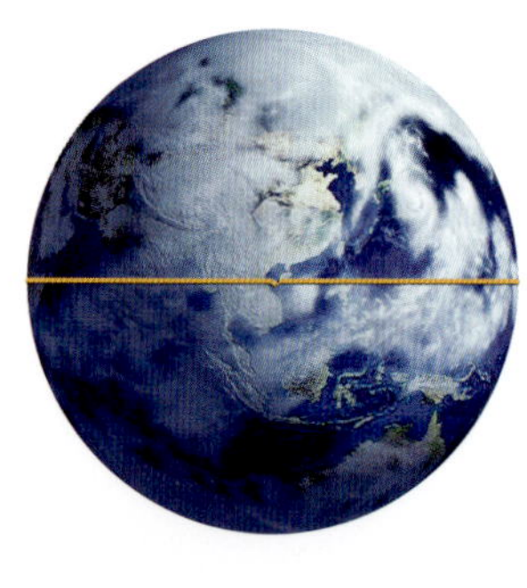

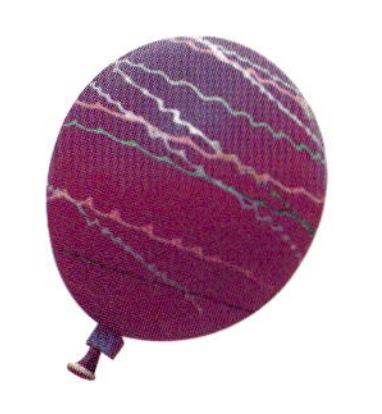

★

サッカーボールをよく見ると、正五角形と正六角形が組み合わされているのがわかります。それぞれ何枚でしょう？（→P16）

細いパイプと太いパイプがあります。細いほうの外径と太いほうの内径が同じ場合、細いパイプを太いパイプに入れることができるでしょうか？

（→P60）

この本は、こうした話をたのしんでもらう本です。『目でみる算数の図鑑』という題がついていますが、算数の本のようには思えないかもしれませんね。この本を企画した背景には、上で書いたような算数ぎらいが多いなか、少しでも多くの人に、算数が好きになってほしいという願いがありました。

読み物としてたのしんで！

世界一球に近い多面体の水晶をつくる職人さんの話（→P15）、ビー玉とボーリングの球の接点の大きさの話（→P11）、魔方陣（→P90）やフィボナッチ数列の話（→P86）など、この本には、おもしろい話がたくさんのっています。ただ読むだけでなく、自分で考えながら読んでみると、けっこう長い時間たのしむことができます。

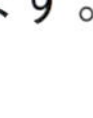

算数でつまずいたとき、この本を開いて、これも算数なんだ、算数っておもしろいんだと感じてもらえたら、この本は大成功です。

そして、読者のみなさん自身で、この本にのっていることを試してもらえれば、この本の価値はいっそう高まります。

日常生活のなかにある「真球」（→P11）をさがしたり、ペントミノ（→P42）やタングラム（→P40）をつくったりしてあそんでみませんか。

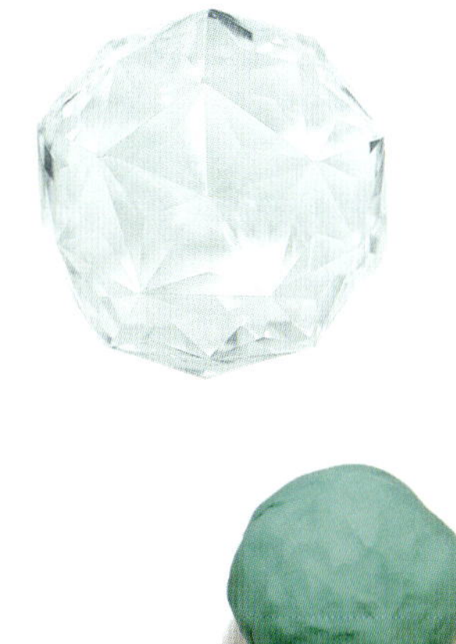
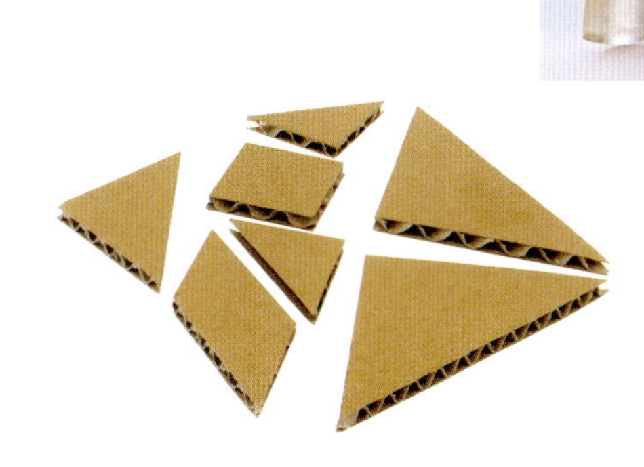
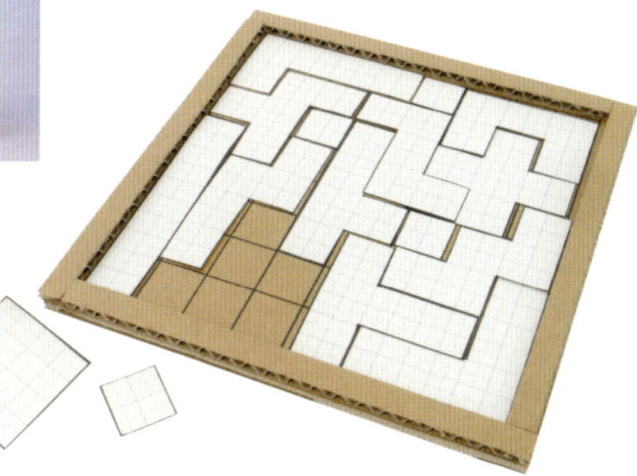

この本の見方

この本では、算数に関するテーマを、見開きで1つずつとりあげ、くわしく解説しています。

テーマ
そのページでとりあげている算数のテーマ。立体図形、平面図形、長さ・量と測定、数と比の4つにわかれている。

ポイント
とりあげている内容について、図や写真でわかりやすく説明。

もんだい
算数的な思考をきたえるクイズを出題。

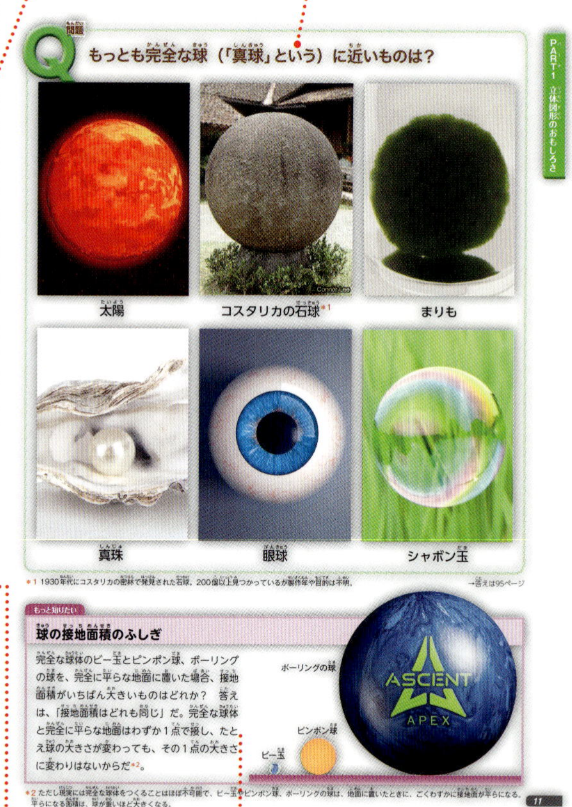

見出し
この見開きで紹介している項目について、わかりやすく説明。

もっと知りたい
そのページでとりあげている内容に関連して、さらに専門的なことや、合わせて知っておきたいことを紹介。

関連ページ
→で関連ページを表示。

3　34：21
金比（→P78）の

身近なものを利用して、目と手と頭をつかってたのしむ「算数工作」を紹介。

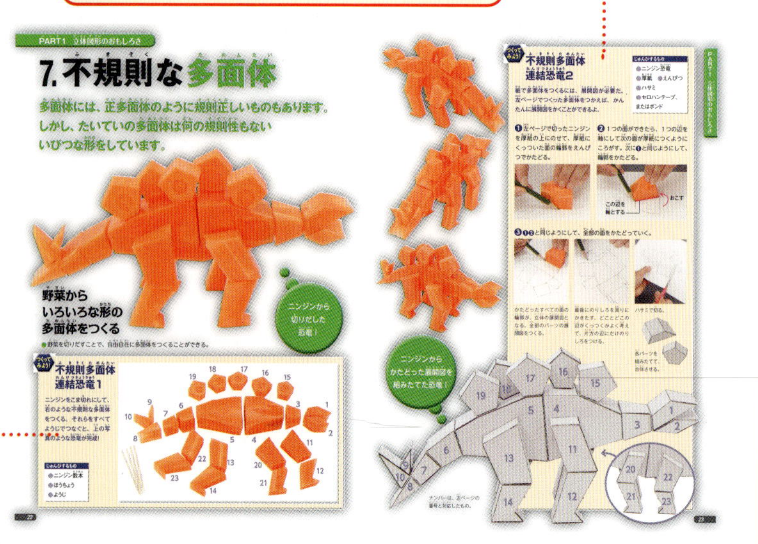

ものしりコラム

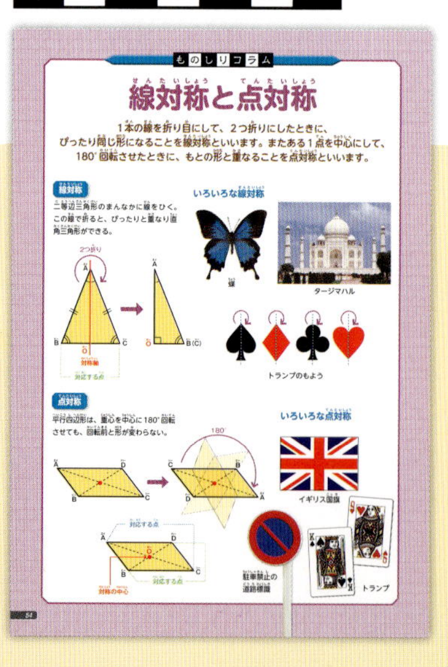

知っておくと、もっと算数がよくわかる・身近になる情報を紹介。

PART1

立体図形のおもしろさ

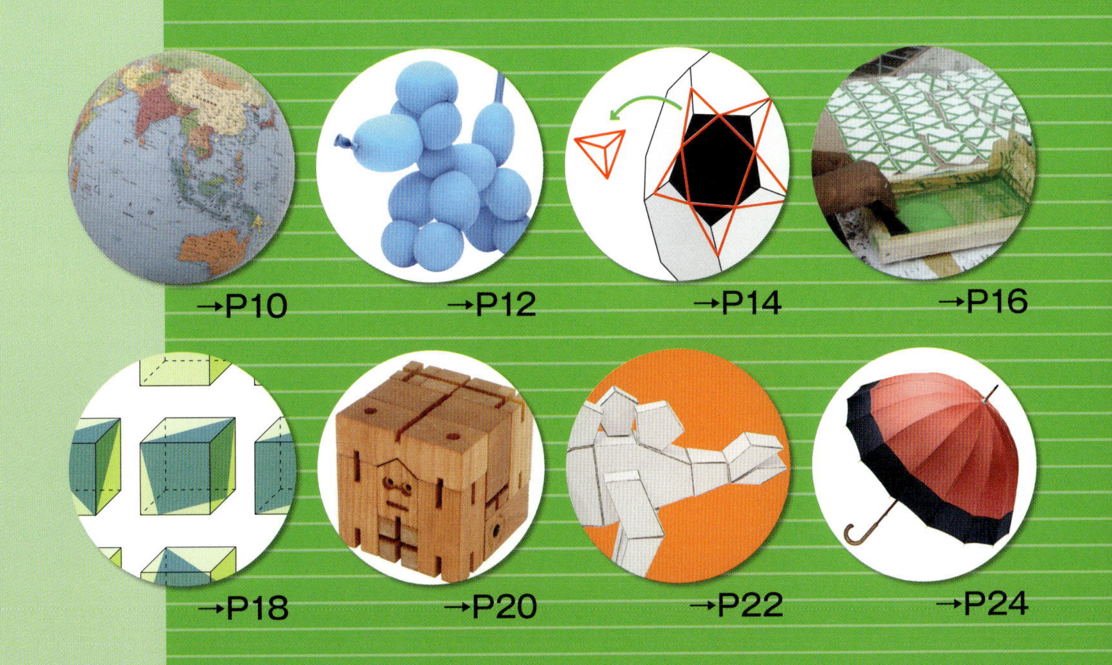

→P10 →P12 →P14 →P16
→P18 →P20 →P22 →P24

1.球って何？

球とは「ある点から一定の距離にある点の全体がつくる空間円形」（『大辞林』）とされています。

地球は半径6371kmの球

もっと知りたい

地球はまんまるではない

厳密にいうと、地球は完全な球ではなく、赤道付近がわずかにふくらんだ形をしている。これは自転によって地球に遠心力（回転の中心から遠ざかる力）がかかるため。赤道上の円周は約40075kmだが、北極点と南極点を通る円周は約40000kmと約75km短い。

球とは「どこから見ても円に見える」形

●地球儀は回転させて、どの角度から見ても、つねに円に見える。

問題 もっとも完全な球（「真球」という）に近いものは？

太陽

コスタリカの石球*1

まりも

真珠

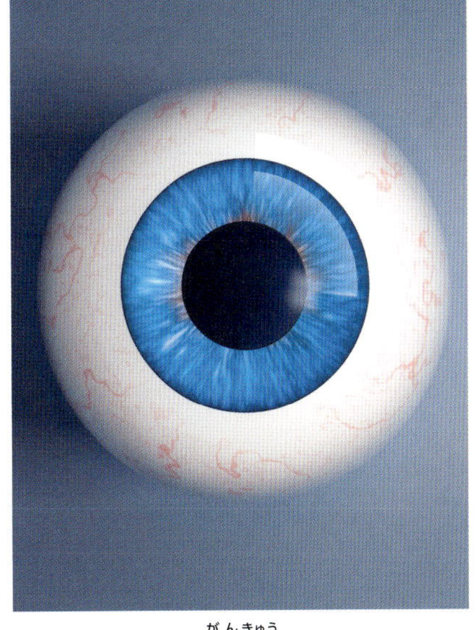
眼球

シャボン玉

*1 1930年代にコスタリカの密林で発見された石球。200個以上見つかっているが製作年や目的は不明。

→答えは95ページ

もっと知りたい

球の接地面積のふしぎ

完全な球体のビー玉とピンポン球、ボーリングの球を、完全に平らな地面に置いた場合、接地面積がいちばん大きいものはどれか？　答えは、「接地面積はどれも同じ」だ。完全な球体と完全に平らな地面はわずか1点で接し、たとえ球の大きさが変わっても、その1点の大きさに変わりはないからだ*2。

*2 ただし現実には完全な球体をつくることはほぼ不可能で、ビー玉やピンポン球、ボーリングの球は、地面に置いたときに、ごくわずかに接地面が平らになる。平らになる面積は、球が重いほど大きくなる。

2.風船は球？

風船とは、紙やゴムでできたふくろのなかに、空気、ヘリウムなどの気体を入れてふくらませた玩具のこと。ふくろの形により、ふくらんだ風船の形が決まります。

ゴム風船

●ゴム風船は、空気を入れつづけると、風船のなかの圧力が高まってゴムがのびていく。この際、風船は表面積がもっとも小さい形でふくらもうとする。この形が球だ。これは、水中に空気のかたまり（気泡）ができると、自然と球になるのと同じしくみだ。風船のふくろの形を、四角や星形にしたとしても、まるみをおびてふくらむ。

ほぼ球！

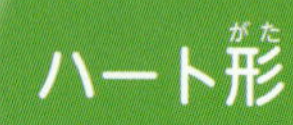

ハート形

球に近い形

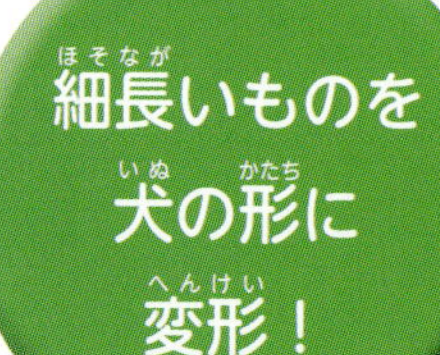

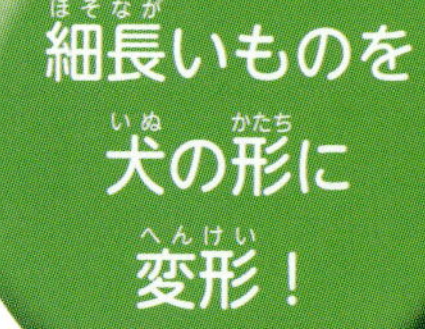

細長いものを犬の形に変形！

つくってみよう!

和紙球

風船に和紙をはることで、かんたんに球をつくることができるよ。

点灯したところ

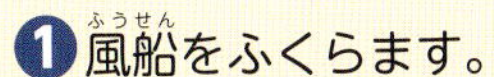

じゅんびするもの

- 風船
- 和紙
- 水
- 安全ピン
- はり金（少し太め）
- ペンチ
- 電球（ソケットつき）

❶風船をふくらます。

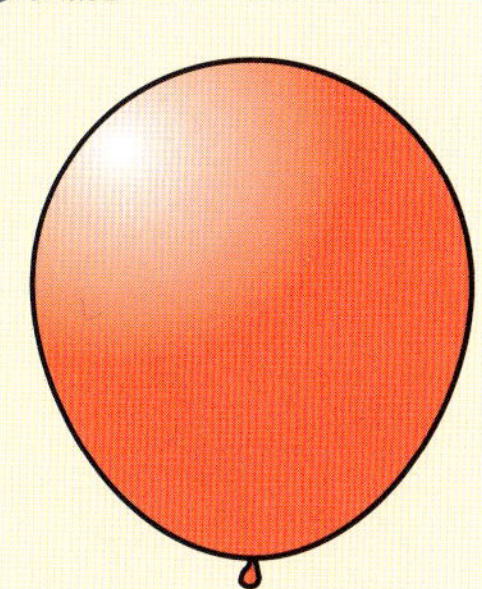

❷和紙を小さくちぎって水をつけ、そっとはりつけていく（何重にも重ねあわせるといい）。そのとき、葉や花、千代紙でもようをつけてもいい。

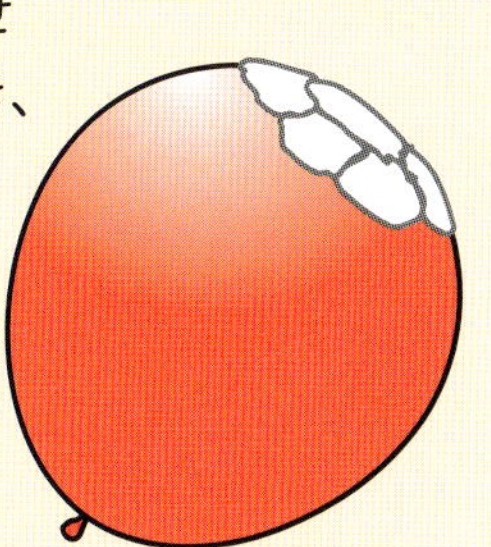

❸何枚か重ねてはっていき、完全に乾くまで1日くらいねかせる。乾いたら風船をわる。

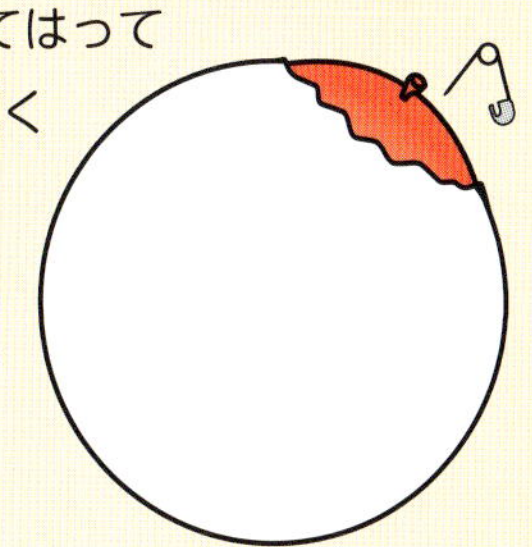

❹右の図のようにはり金をペンチでまげて電球のソケットにとりつける（はり金のとりつけ方はいろいろとくふうしてみよう）。

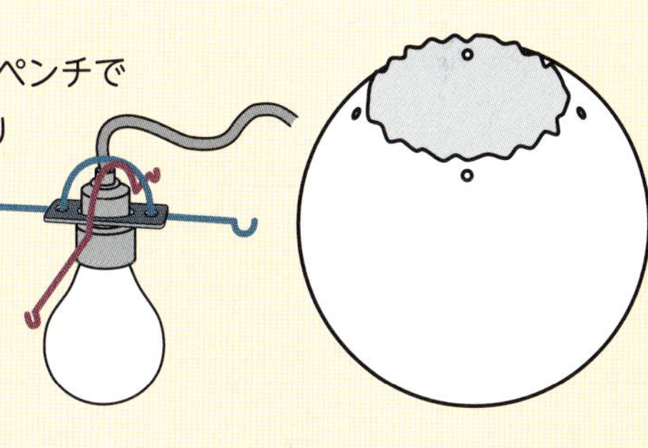

❺右の図のように電球のソケットをとりつけて完成。

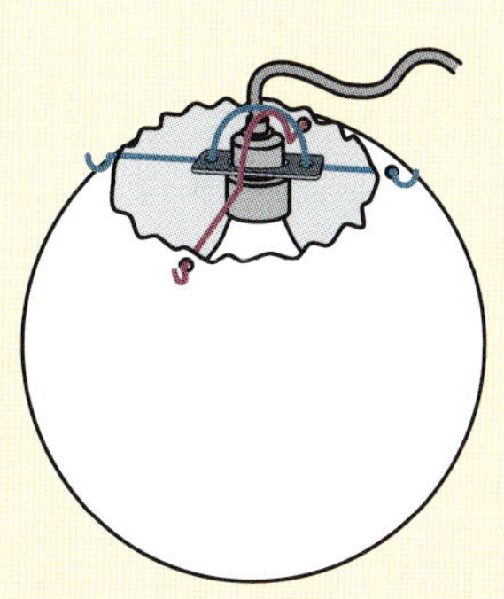

つくってみよう!

紙風船

立体を切りひらいて、平面にした図のことを「展開図」という。下の展開図は、球の展開図。紙風船も地球儀も、同じ展開図でできているよ。

じゅんびするもの

- コピー用紙
- ハサミ
- セロハンテープ、またはボンド

❶下の展開図をコピーして、ハサミで切る（拡大コピーするとつくりやすい）。

❷となりどうしの線をテープではりあわせて、球をつくる。

❸最後は、AとBのようなパーツをはると、つくりやすい。

3. 無限の多面体？

球は、多面体（→P20）の角が
どんどんとれていった立体です。
これは、「多面体の面の数が
限りなく増えていくと球になる」
ということです。

球である惑星を
多面体で再現

地球　月　火星　木星

●サッカーボールの形の多面体（→P17）に、地球、月、火星、木星の絵をえがいたもの。

球に近づいていく多面体

●左ページ下の天体は紙でつくったもの。その多面体のすべての角を右の図のように切りおとしていくと、とがったところがへっていき、全体が球に近づいていく。

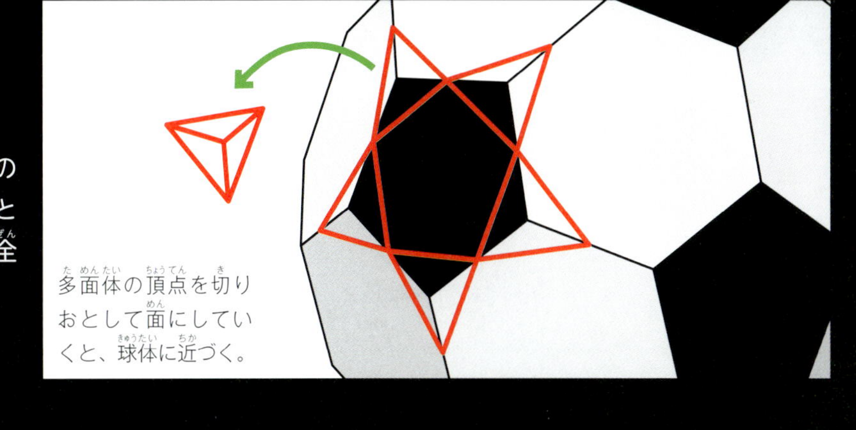
多面体の頂点を切りおとして面にしていくと、球体に近づく。

多面体を基としたドーム

富士山レーダードーム館（山梨県富士吉田市）

新千歳空港の気象レーダー（北海道千歳市）

富士山レーダードーム館は、正二十面体を構成する三角形を、さらに細かい三角形に分け、できるだけ球に近づけている。

世界一球に近い水晶のカット

キキョウカット（180面体）

キキョウの花。

もっと知りたい

世界でたった1人

右の写真は、180もの面をもつ水晶で、切りだした面がキキョウの花びらの形に似ていることから「キキョウカット」とよばれる。世界でただ1人、宝石研磨士の清水幸雄さんにしかできないカットの技術だ。
清水さんは、手の感覚と見た目だけで、キキョウカットをつくりだす。まず、高速で回転する円盤に、水晶の原石をあて、正五角形12個からなる正十二面体を削りだす。その正十二面体の角をさらに細かく切りおとしていき、最終的に180の面をつくりだす。細かくカットされた水晶は、光を多く反射し、独特の輝きをおびている。

4.サッカーボールは何面？

サッカーボールには、いろいろなもようがありますが、よく見ると、ほとんどどれも同じです。
正五角形12枚と
正六角形20枚をぬいあわせて
つくられています。

まるい
サッカーボールも
多角形の平面を
組み合わせて
つくられる

サッカーボール工場。正五角形と正六角形の皮をぬいあわせてボールをつくる。

いろいろなもようのサッカーボール

●もようはさまざまだが、どれも12個の正五角形と20個の正六角形の組み合わせでできている。

紙のサッカーボール

実際に、正五角形と正六角形を組み合わせた展開図から、サッカーボールをつくってみよう。

じゅんびするもの

- 厚紙
- ハサミ、またはカッター
- セロハンテープ、またはボンド

❶展開図は次のようになる。

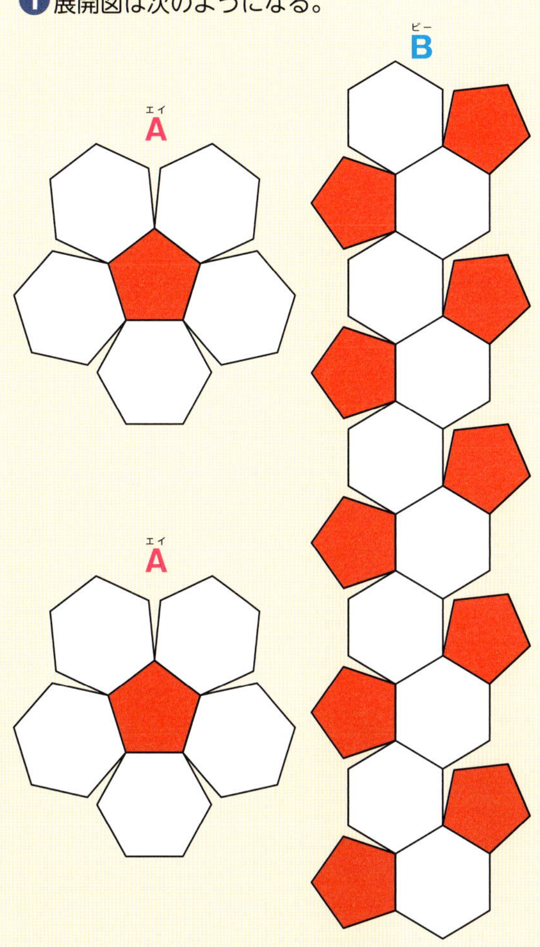

❷Aの部分を右図のように組みたてる。となりどうしの線のところがくっつくように合わせてとめる。

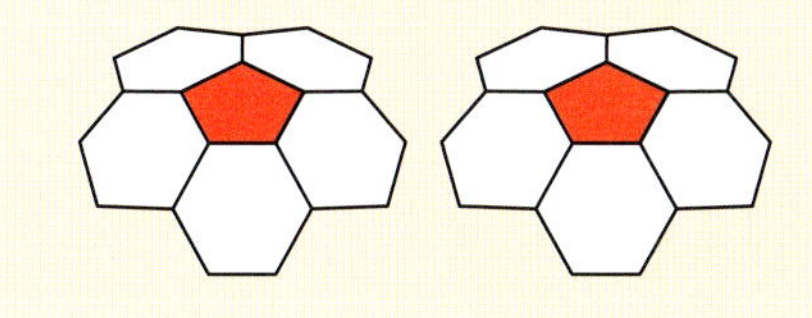

❸次にBの部分の矢じるし（）の辺を合わせてとめていく。

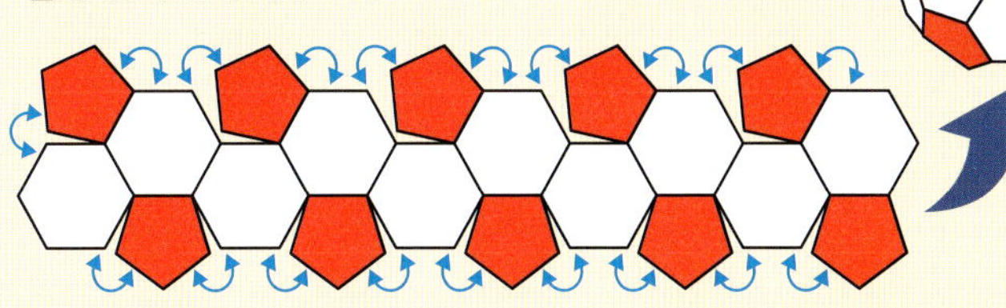

❹できあがったBに、❷でつくったAを、つなぎ目を合わせてとめる。

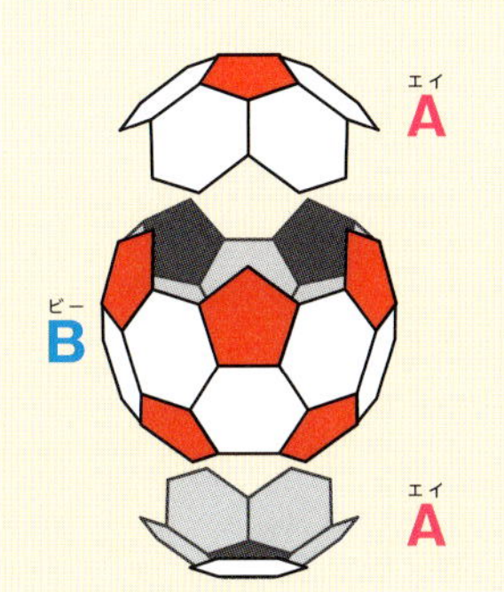

5. 立体を切る！

すいかもみかんも、どこを切っても切断面のもようは、それぞれちがいますが、切断面の形はほぼ円です。どこを切っても円になる立体は球だけです。

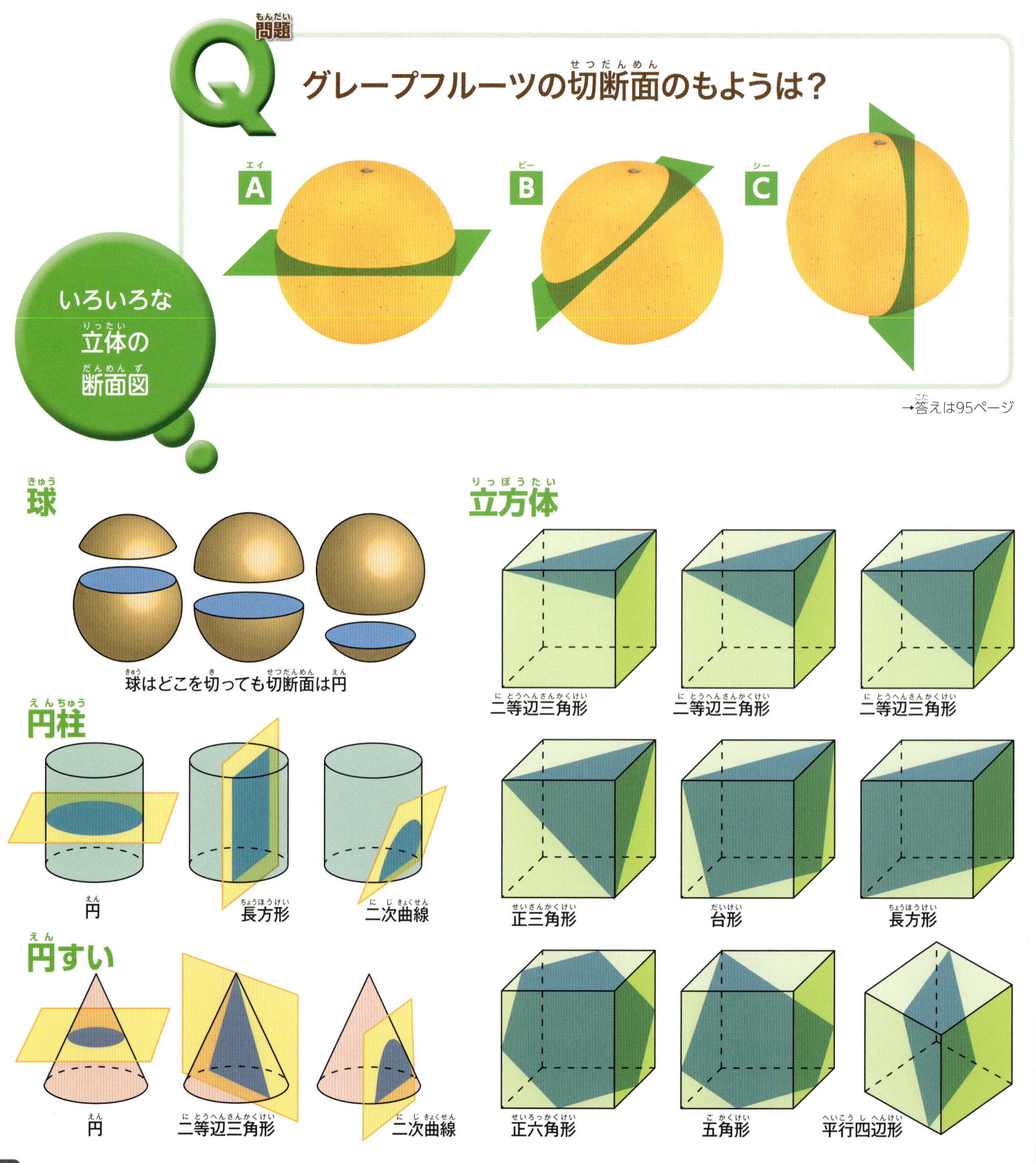

→答えは95ページ

つくってみよう!

平地重ね地球儀

左ページで見たような円の切断面をいくつか組み合わせれば、かんたんに球を再現することができるんだ。展開図 (→P13) いらずで、かんたんにまるい地球儀をつくる方法を紹介するよ。

じゅんびするもの

- 厚紙、または画用紙
- はさみ、またはカッター
- えんぴつ
- 定規
- コンパス
- 分度器

6枚の円と、1枚の半円でつくった地球儀。

❶半径6cmの円をつくり、おもてうら両面に下のようにかく。

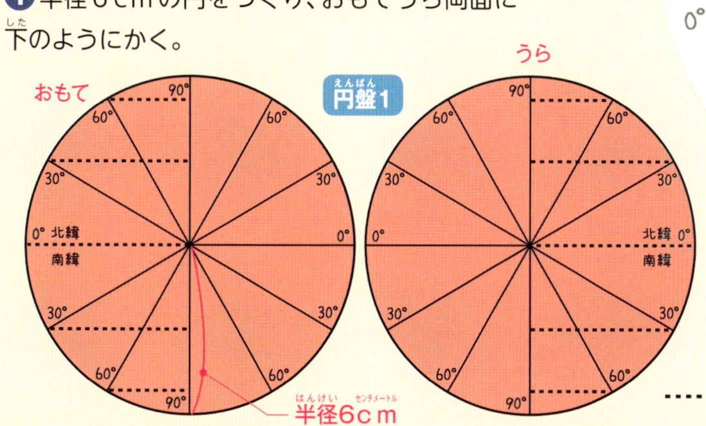

······· は切りこみ線

❷半径6cmの円をつくり、下のようにかく。

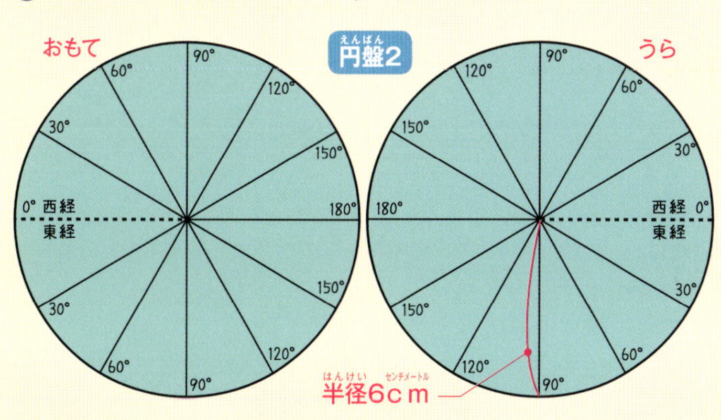

❸半径5.2cmの円を2枚つくり、下のようにかく。

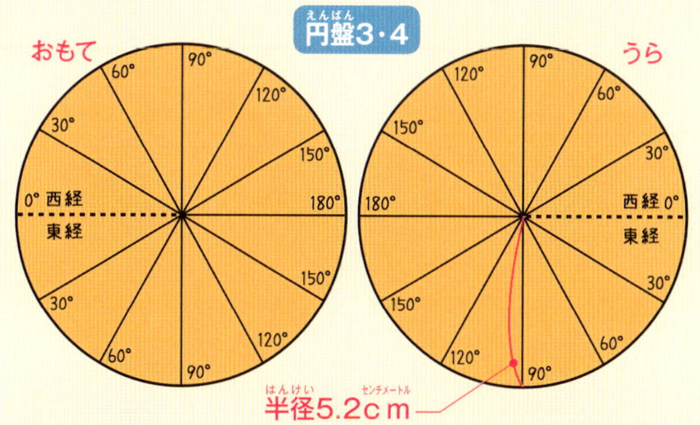

❹半径3cmの円を2枚つくり、下のようにかく。

❺半径7cmの半円をつくり、下のようにかく。

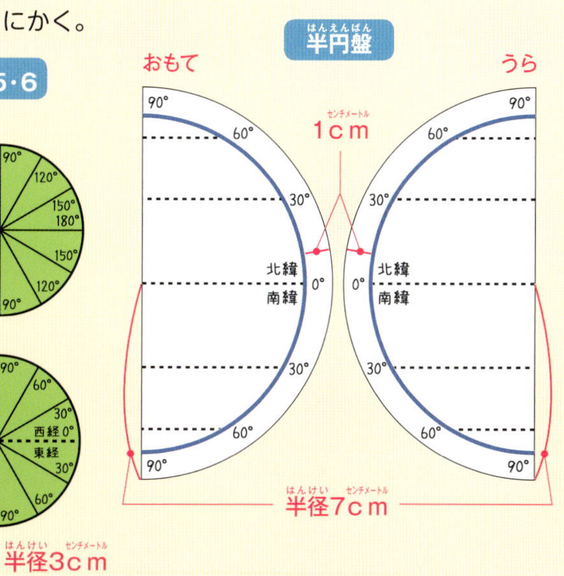

❻それぞれのパーツの点線(切りこみ線)に、切りこみを入れていく。

❼下の図のように、円盤1に円盤2～6をさしこむ。

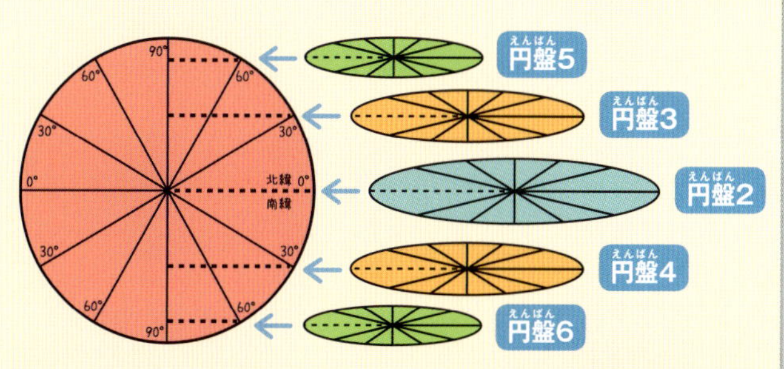

❽最後に❺でつくった半円盤をさしこみ、経度円盤(❷～❻)を固定してできあがり。

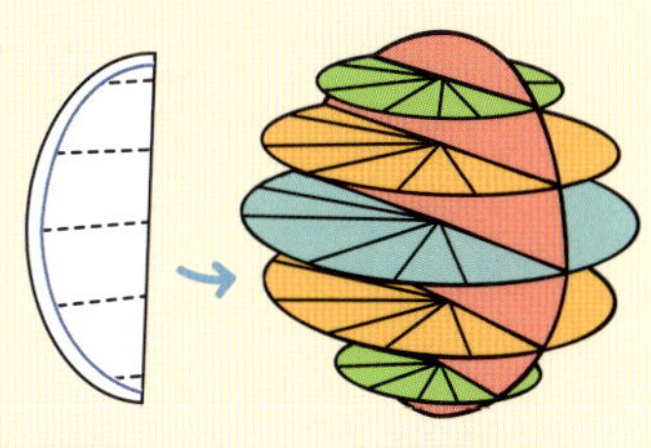

6. 正多面体という立体

すべての面が同じ正多角形（正三角形、正方形、正五角形）でできた立体を、正多面体といいます。「正多面体」という立体は、全部で5つしかありません。「正四面体」「正六面体」「正八面体」「正十二面体」「正二十面体」です。

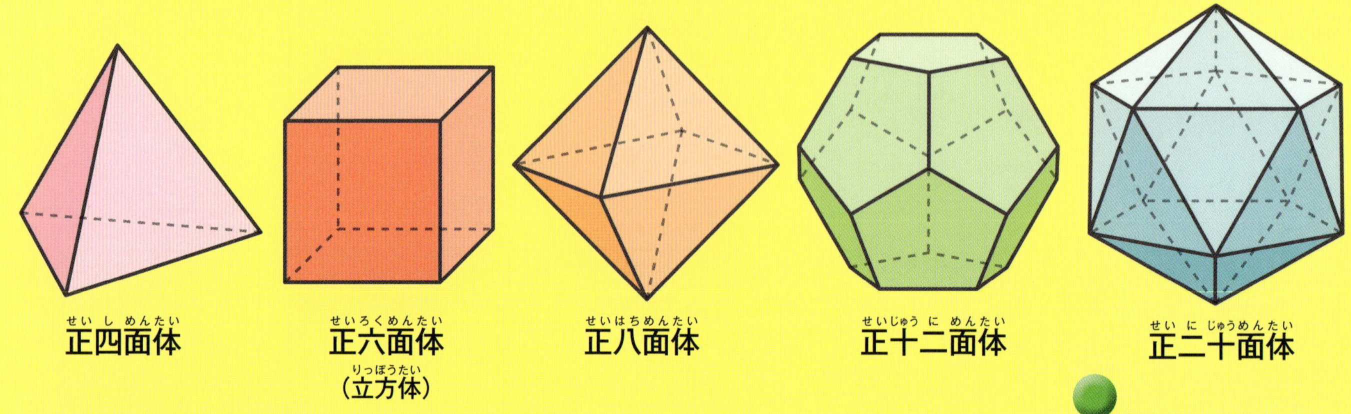

紀元前に発見

●正多面体は、すべての面が同じ形・大きさ（合同）の正多角形（すべての辺が同じ長さ）でできている多面体のこと。このような正多面体は、古代ギリシャの哲学者プラトン（紀元前427年－紀元前347年）の著書『ティマイオス』のなかにも出ていることから、プラトンの時代以前から５種類の正多面体が知られていたことがわかる。しかも、正多面体が５種類しかないことは、プラトン以前に活躍していた紀元前６世紀の哲学者・数学者のピタゴラスにより証明されていたという説がある。

「プラトンの立体」ともいわれる

正多面体を切る

●正多面体を切りだすと、別の正多面体ができる場合がある。

正十二面体から正六面体を切りだす

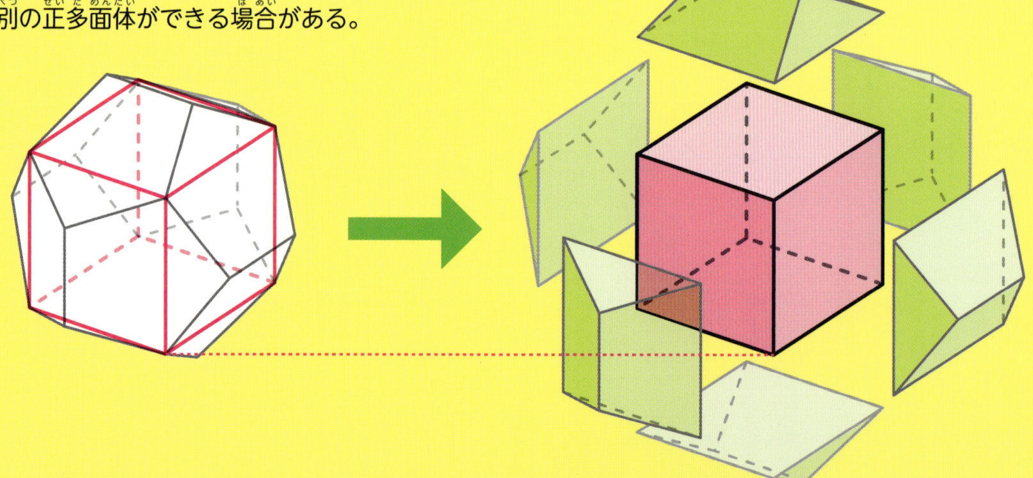

変形ロボット

下の写真は、1辺が6.3cmの長さの立方体。これを変化させると、25.8cmのロボットになる。高さは変わっても立方体とロボットの体積（→P66）に変化はないことがわかる。

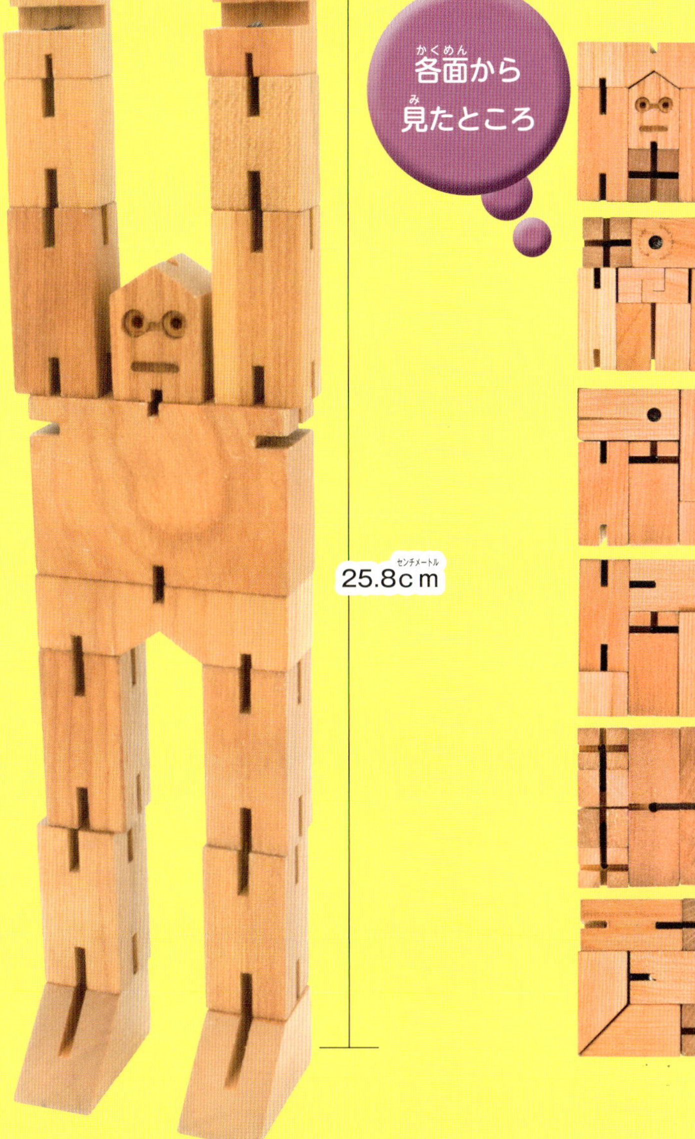

正六面体から正四面体を切りだす

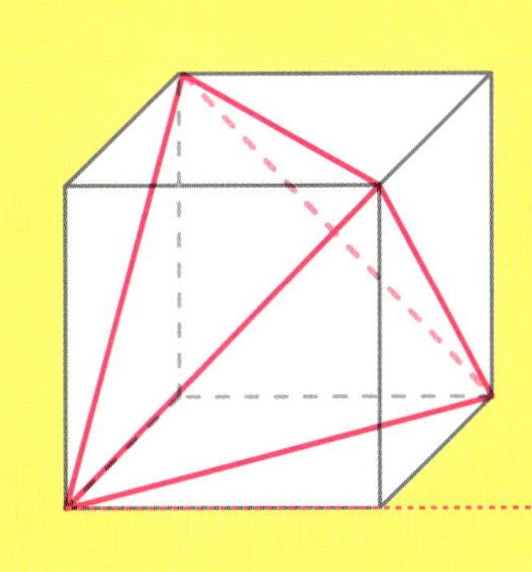

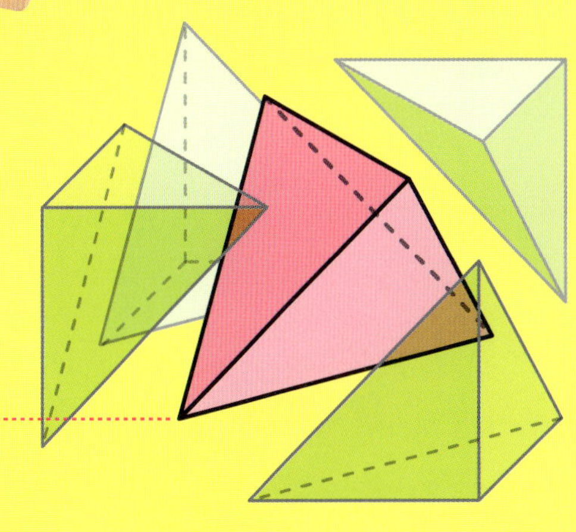

正四面体から正八面体を切りだす

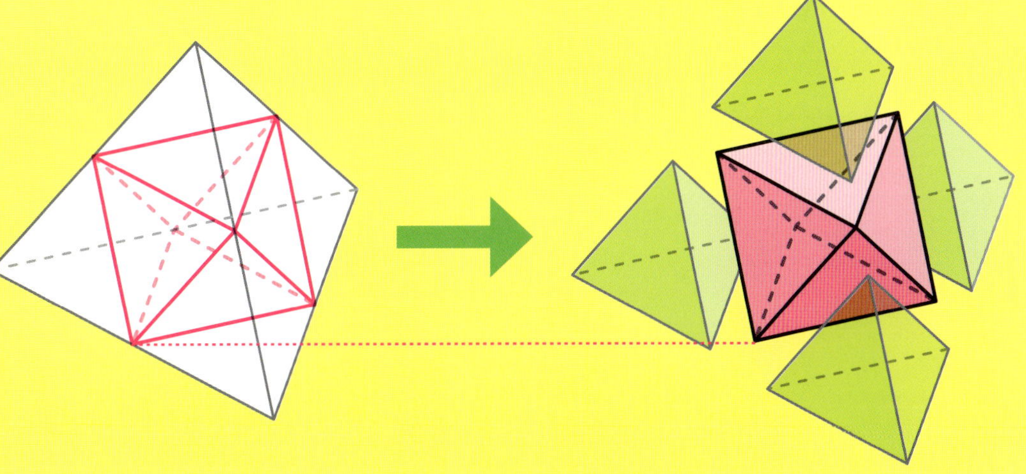

7. 不規則な多面体

多面体には、正多面体のように規則正しいものもあります。しかし、たいていの多面体は何の規則性もないいびつな形をしています。

野菜からいろいろな形の多面体をつくる

ニンジンから切りだした恐竜！

●野菜を切りだすことで、自由自在に多面体をつくることができる。

つくってみよう!

不規則多面体連結恐竜1

ニンジンをこま切れにして、右のような不規則な多面体をつくる。それらをすべてようじでつなぐと、上の写真のような恐竜が完成!

じゅんびするもの
- ニンジン数本
- ほうちょう
- ようじ

つくってみよう!

不規則多面体 連結恐竜2

じゅんびするもの

- ニンジン恐竜
- 厚紙
- えんぴつ
- ハサミ
- セロハンテープ、またはボンド

紙で多面体をつくるには、展開図が必要だ。左ページでつくった多面体をつかえば、かんたんに展開図をかくことができるよ。

❶ 左ページで切ったニンジンを厚紙の上にのせて、厚紙にくっついた面の輪郭をえんぴつでかたどる。

❷ 1つの面ができたら、1つの辺を軸にして次の面が厚紙につくようにころがす。次に❶と同じようにして、輪郭をかたどる。

❸ ❶❷と同じようにして、全部の面をかたどっていく。

かたどったすべての面の輪郭が、立体の展開図となる。全部のパーツの展開図をつくる。

最後にのりしろを周りにかきたす。どことどこの辺がくっつくかよく考えて、片方の辺にだけのりしろをつける。

ハサミで切る。

各パーツを組みたてて、合体させる。

ナンバーは、左ページの番号と対応したもの。

8. 回転体って何？

平面図形をその平面上の1つの直線を軸として1回転してできる立体のこと。
球、円柱、円すいなどの立体があります。

問題

Q　1～12から、どんな立体ができる？

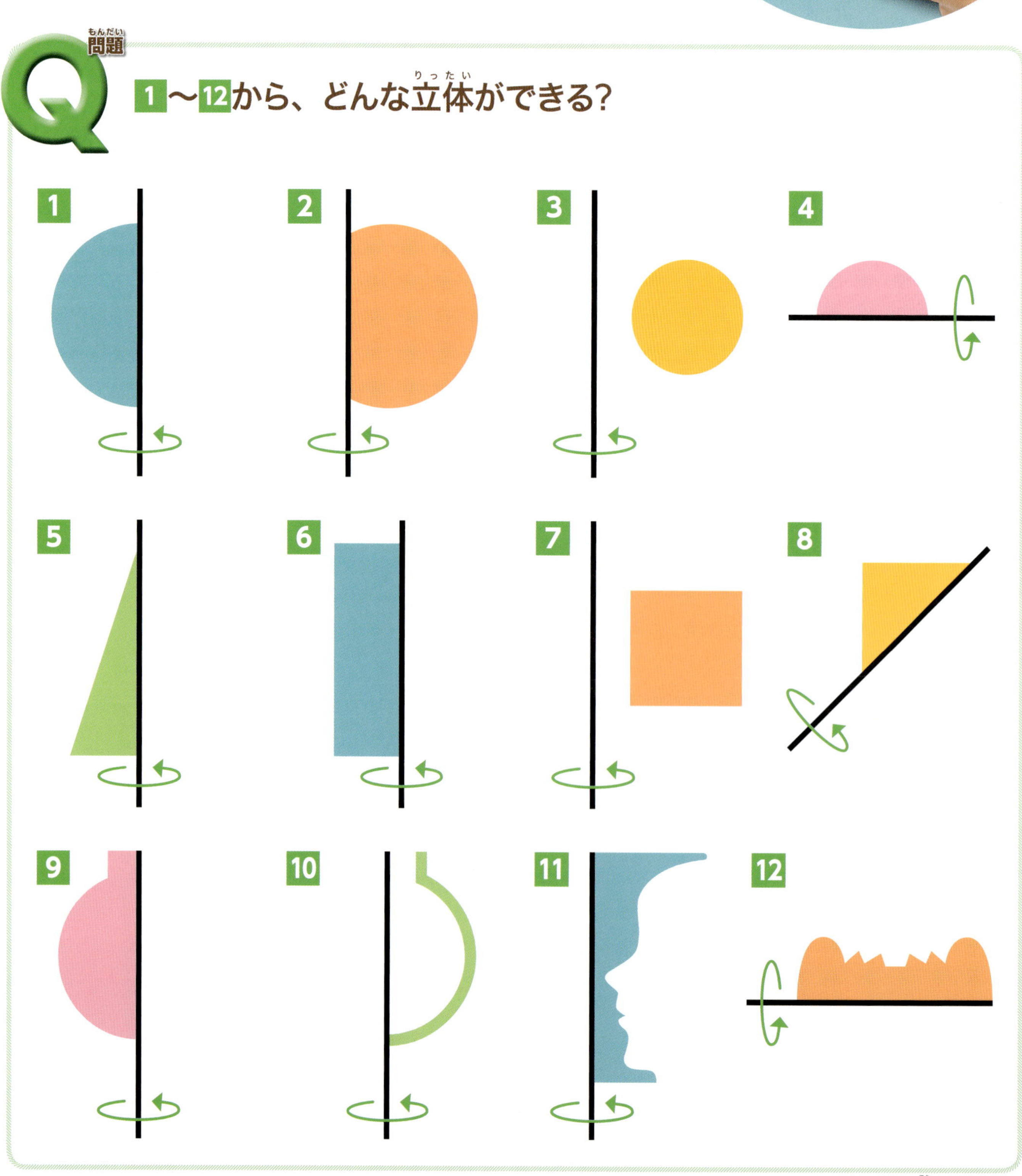

→答えは95ページ

写真で見る回転体

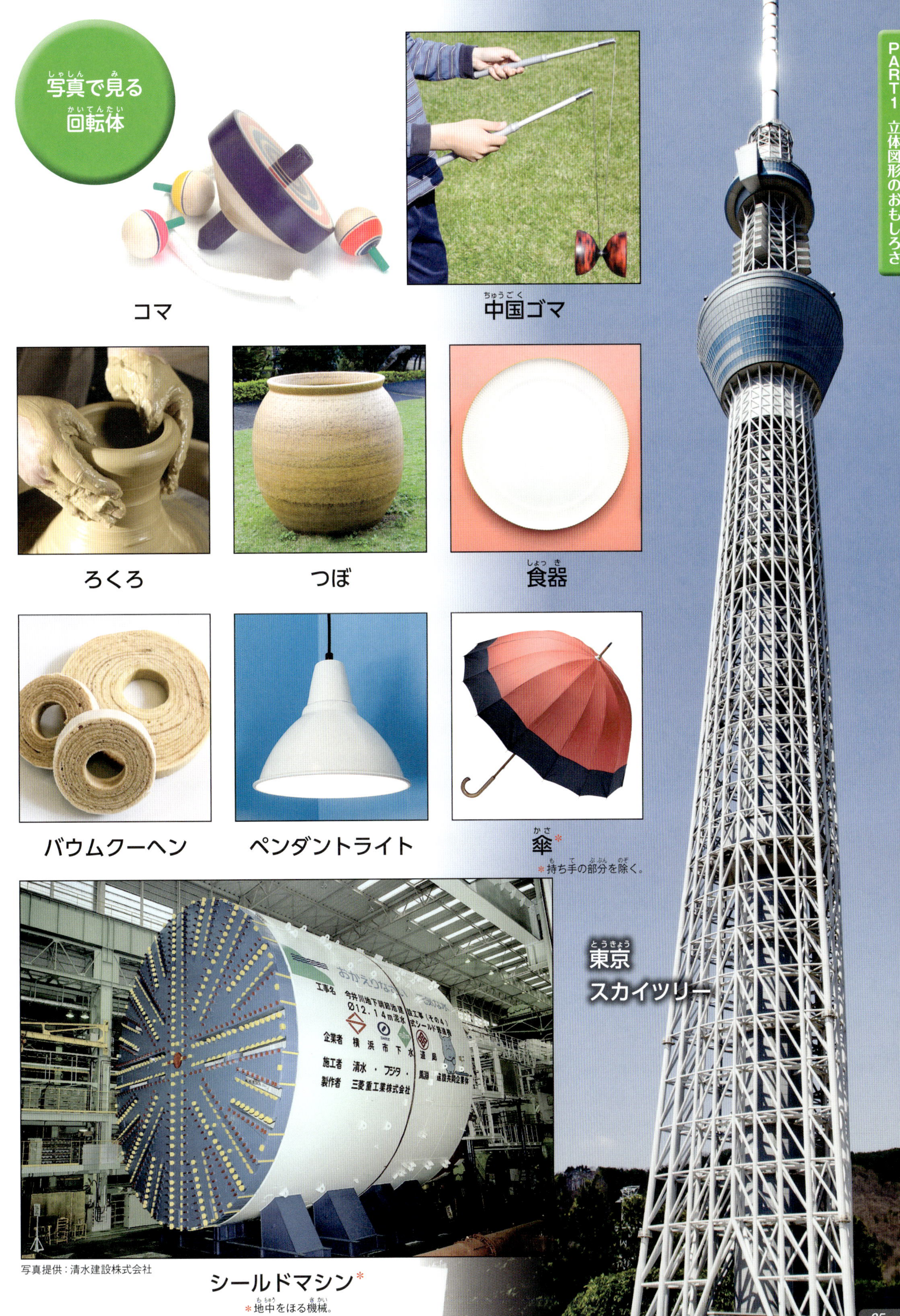

コマ

中国ゴマ

ろくろ

つぼ

食器

バウムクーヘン

ペンダントライト

傘*

*持ち手の部分を除く。

東京スカイツリー

写真提供：清水建設株式会社

シールドマシン*

*地中をほる機械。

ものしりコラム

いろいろな立体の展開図

立方体や円柱、三角柱など、すべての立体は平面の組み合わせでなりたっています。立体を切りひらいて平面にすると展開図ができます。

直方体は６枚の長方形でできていることがわかる。

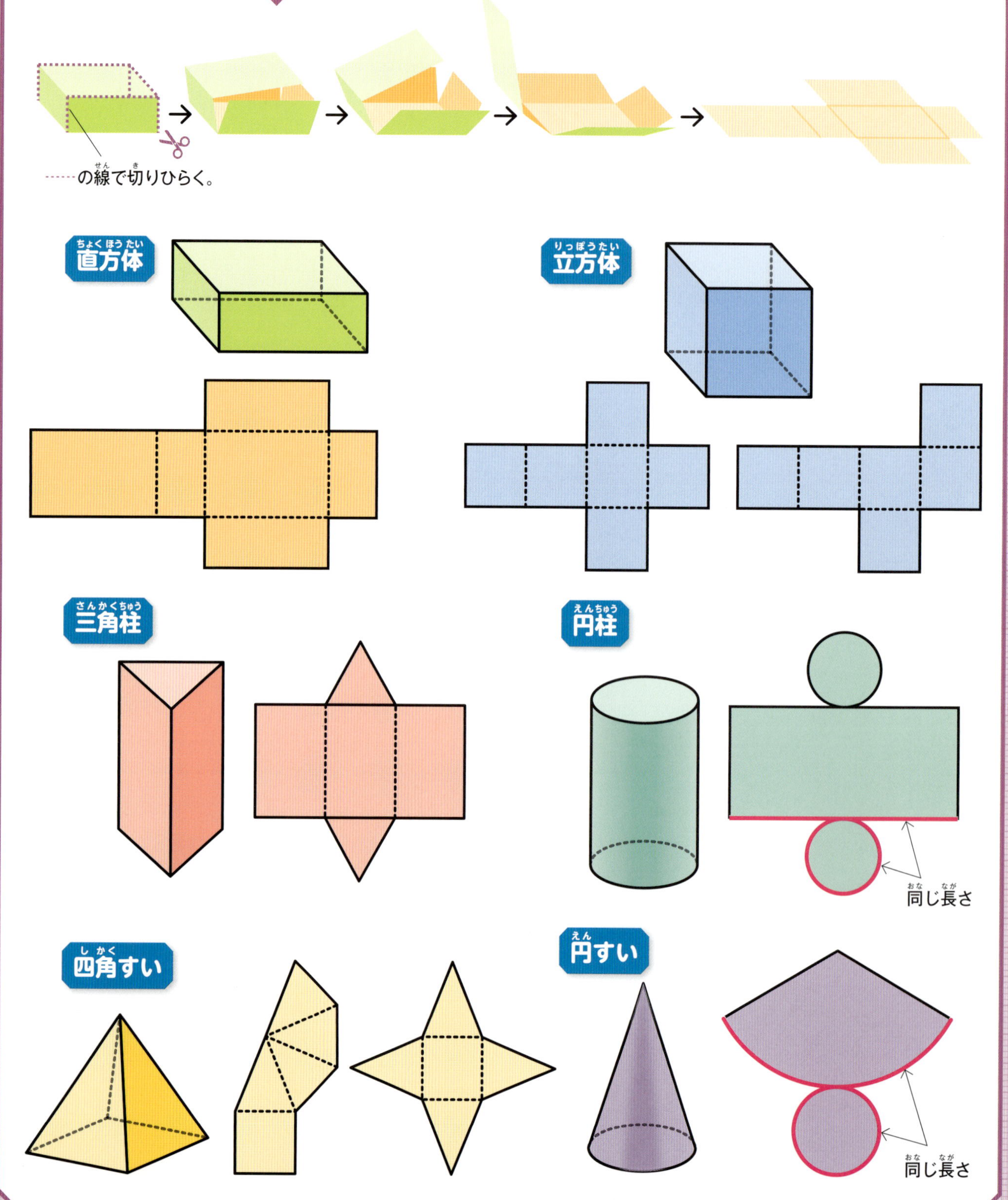

PART2

平面図形のふしぎ

1.立体を平面にうつす

立体のうしろから光を当てて、その影をスクリーンにうつすと平面図形ができます。球は円を回転させてできる立体で、どこから光を当てても影は円になります。

早稲田大学図書館所蔵

江戸時代の十返舎一九の影絵

影絵

●影絵は、手でつくった立体を真正面から見た形が、影となってスクリーンにうつったもの。ある方向から見た立体を平面であらわした図を「投影図」という。

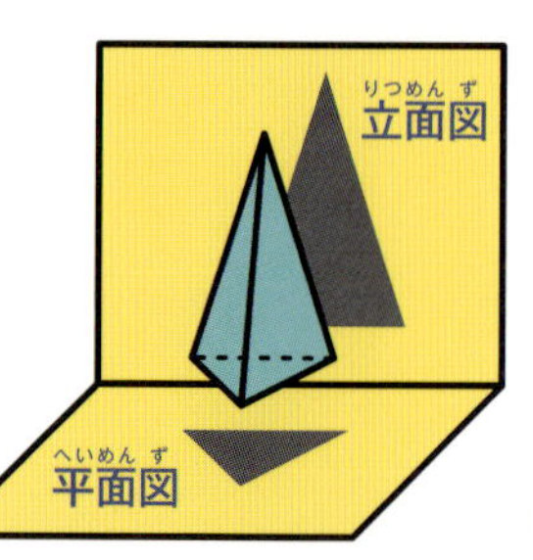

三角すいを、真横から見た際の投影図（「立面図」という）と、真上から見た場合の投影図（「平面図」という）。

回転している立体の残像

●写真のような角度で、立方体を回転させると「残像」が見える。その形は回転前とちがう形に見えてくる。

立方体 ❶

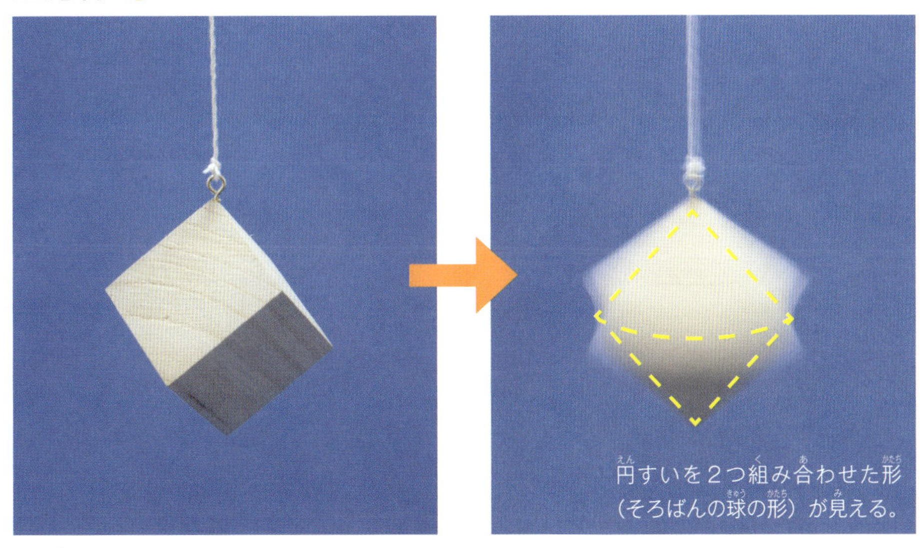

円すいを2つ組み合わせた形（そろばんの球の形）が見える。

立方体 ❷

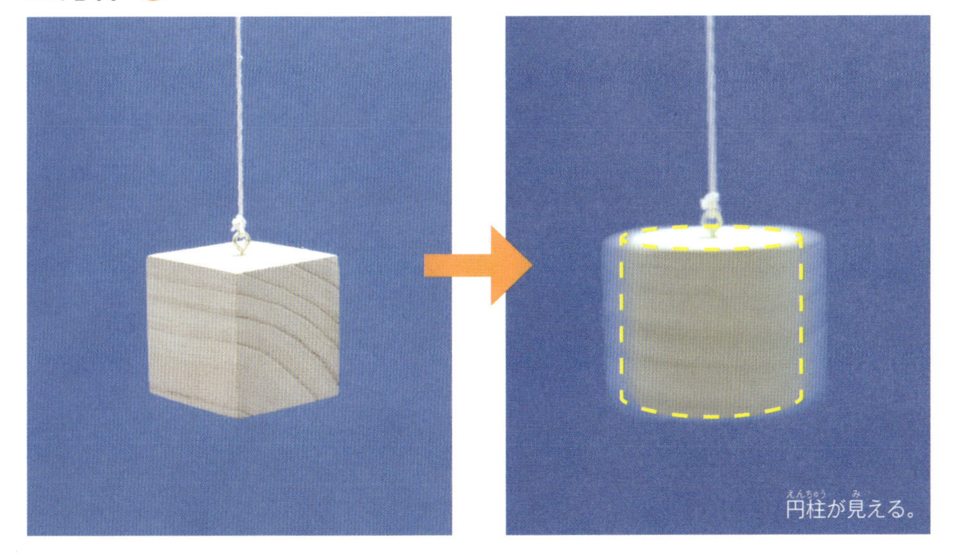

円柱が見える。

もっと知りたい

長い影

人の影も、立体を平面にうつした投影図の1つ。ただし、日の高さは時間によって変わるため、影の長さは一定ではない。正午ごろ、太陽がほぼ真上にあるときは短い影になり、夕方、日が落ちてくると長い影になる。

夕方の長い影。

もっと知りたい

アニメの原理

アニメは少しずつ変化させた平面の絵をひとコマずつ撮影したもの。これを映写すると絵がうごいているように見える。下の絵はボールが落下し、バウンドするようすを15の場面で再現したアニメーション。

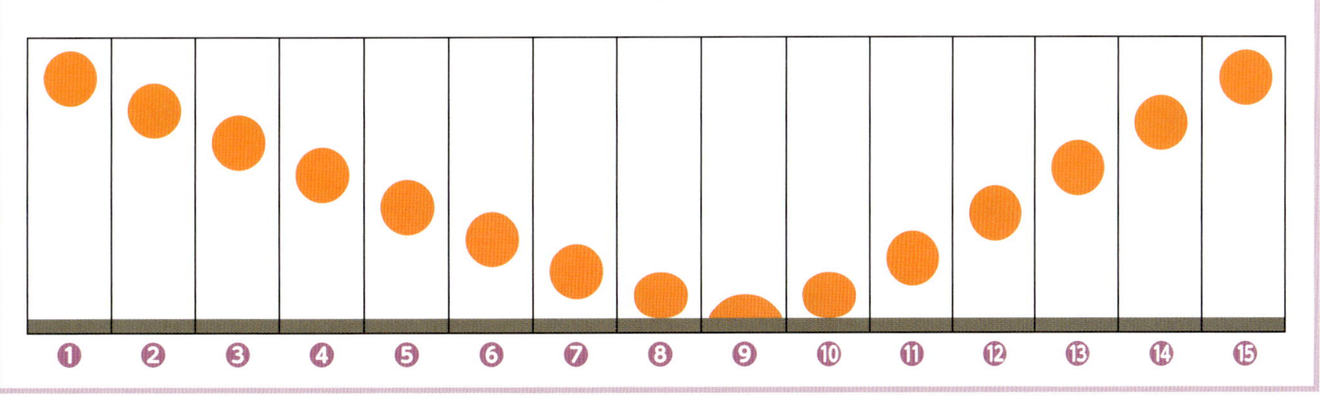

PART 2 平面図形のふしぎ

2. 奥行のある絵

レオナルド・ダ・ヴィンチの『最後の晩餐』

平面にかかれた絵であるのに、前後の距離（奥行）があるように見えることがあります。目で見たように距離感（遠近感）をうまくかくと、絵は立体的に見えてきます。

遠近法

●同じ大きさのものでも、遠くにあるものほど、小さくかくことで、遠近感が出る。上の『最後の晩餐』では、遠くの山は人物よりも小さくえがかれている。

消失点とは？

●人の目には、平行な2つの線は、遠くにいくほど幅がせばまっていき、最後はある1点で交じわって見える。これを消失点という。

つくってみよう!

遠近法の線のかんたんなかき方

右の版画は、Aの人がBの人のすがたをカンバスにうつしとっている絵だ。同じような手法で、奥行のある絵をかくことができるよ。

じゅんびするもの

●透明なシート　●油性サインペン　●定規

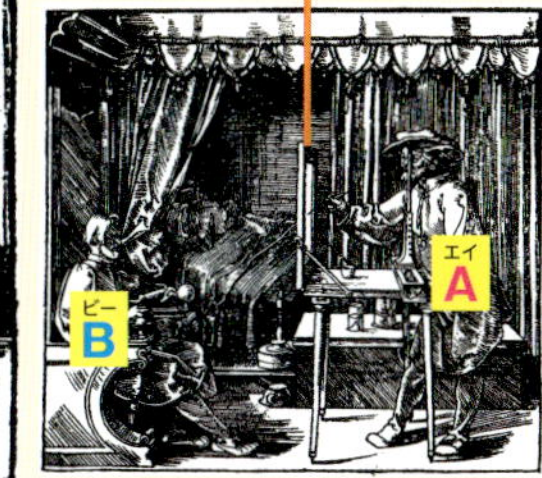

❶外の風景が見える窓ガラスの前にすわる。窓ガラスに透明なシートをはる。

❷ガラスごしに見えている風景を透明なシートの上にサインペンでなぞる。その際、風景のなかに目標となるものを決めて、シート上に点を打つ。目標と点がずれない位置から風景を見て、絵をかいていく。

❸遠近感のある絵ができあがる。

ものしりコラム

錯視って何？

人の目にうつるものが、実際のものとちがっていることを「錯視」といいます。錯視の研究の歴史は古く、古代ギリシャのアリストテレスの時代から研究されていたといわれます。現在、錯視は建築物など、さまざまな場所で利用されています。

上の写真では、サッカー場に長方形の看板があるように見える。ところが、実際には地面にゆがんだシートが置かれているだけ。このシートをカメラの位置から見ると、長方形の看板が立っているように見える。

イメージハンプとは自動車の速度をおさえるため、道路にえがくこぶのこと。写真は実際にはないこぶを錯視で再現したもの。

神奈川県鎌倉市の鶴岡八幡宮の参道は、奥にいくほど、手前よりもせまくなっている。これにより、実際よりも道が長くなっているように見える。

イタリアの首都ローマにある双子教会。右の建物は左の建物よりも面積が大きいが、右側はドームが楕円形につぶれているので、同じくらいの大きさに見える。

ギリシャのパルテノン神殿は、柱のまんなかまでは太く、上は細くなっている。まっすぐな柱よりも、安定感があるように見える。

東京都千代田区の学士会館は、上の階の窓が小さいので、実際よりも高い建物に見える。

3. 三角形も多角形

3本以上の直線でかこまれた図形を多角形といいます。三角形も、六角形や八角形と同じく、多角形のなかまです。なお直線2本では平面図形はつくれません。

問題

Q 下の図の多角形からとなりの多角形に変形させる場合、次の 1 ～ 14 に入る文は A ～ L のどれか？

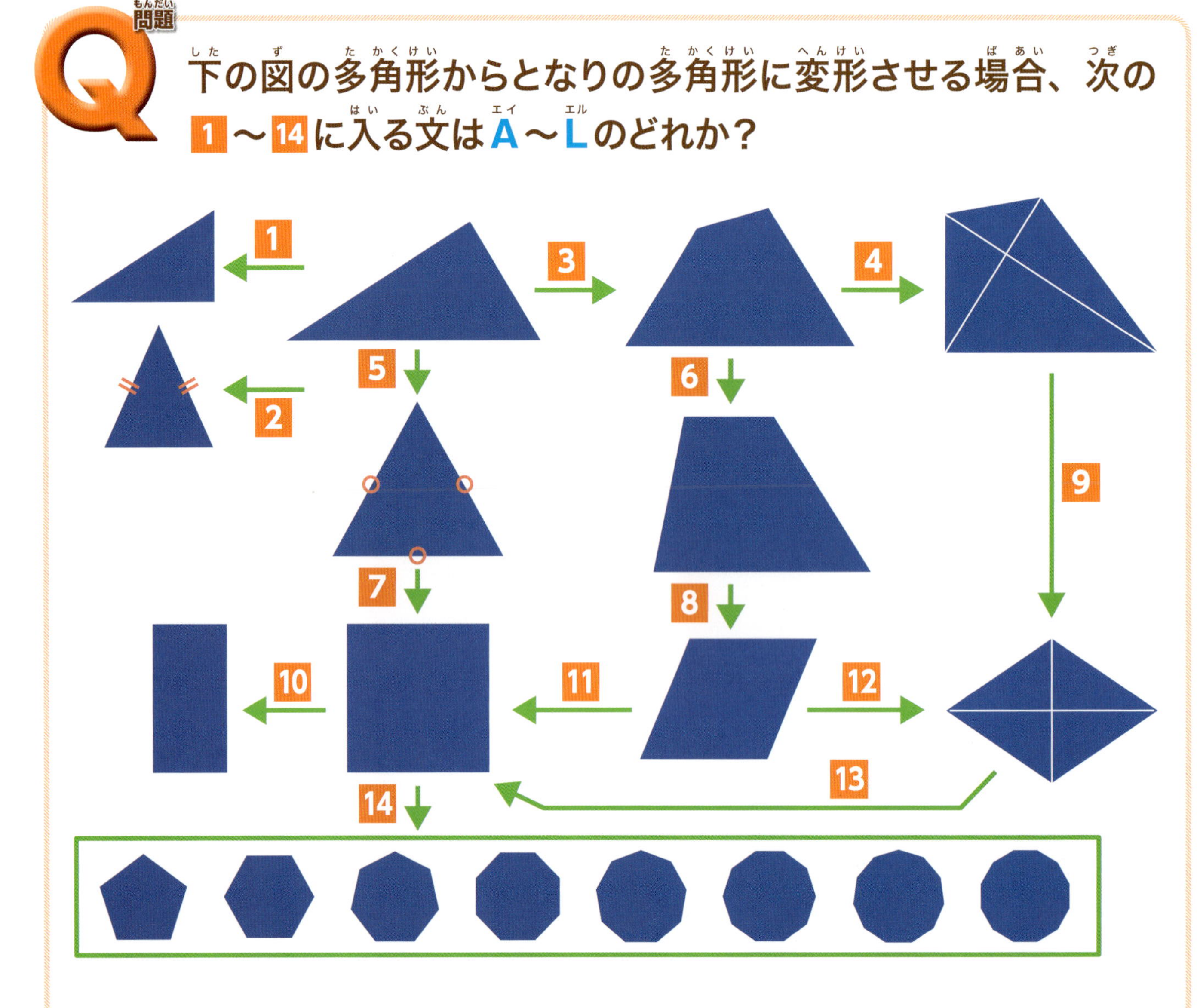

A 四角形の角をすべて直角にする。
B 三角形の2辺の長さをひとしくする。
C 四角形の角の1つを直角にする。
D 角を1つずつ増やす。
E 三角形の3つの辺の長さをひとしくする。
F 三角形の角の1つを直角にする。
G 変形していない。
H 辺と角を1つずつ増やす。
I 向かい合う二組の二辺を平行にする。
J 対角線と対角線が中心で交わるようにする。
K 四角形の二辺を平行にする。
L 四角形の二辺の長さを半分にする。
(同じ選択肢を2度使う場合もあります)

→答えは95ページ

多角形の角とは

●三角形の内側の角を内角とよび、3つの内角（a・b・c）をたすと180°になる。四角形は三角形を2つ組み合わせた形なので内角をたすと360°になる。

外角

a

b

c

内角

180°

360°

●多角形のひとつの頂点から対角線をひくと、いくつかの三角形に分けることができる。その数は多角形の頂点より2つ少ない。そのため、**n角形の内角の合計＝(n－2)×180°**となる。

頂点

辺

内角

五角形

540°

六角形

720°

七角形

900°

八角形

1080°

九角形

1260°

十角形

1440°

十一角形

1620°

十二角形

1800°

もっと知りたい

正多角形の角の数を増やすと円に

円とは、ある1点からの距離が同じ長さとなる点の集合のこと。
正多角形の角の数をどんどん増やしていくと円に近づいていく。

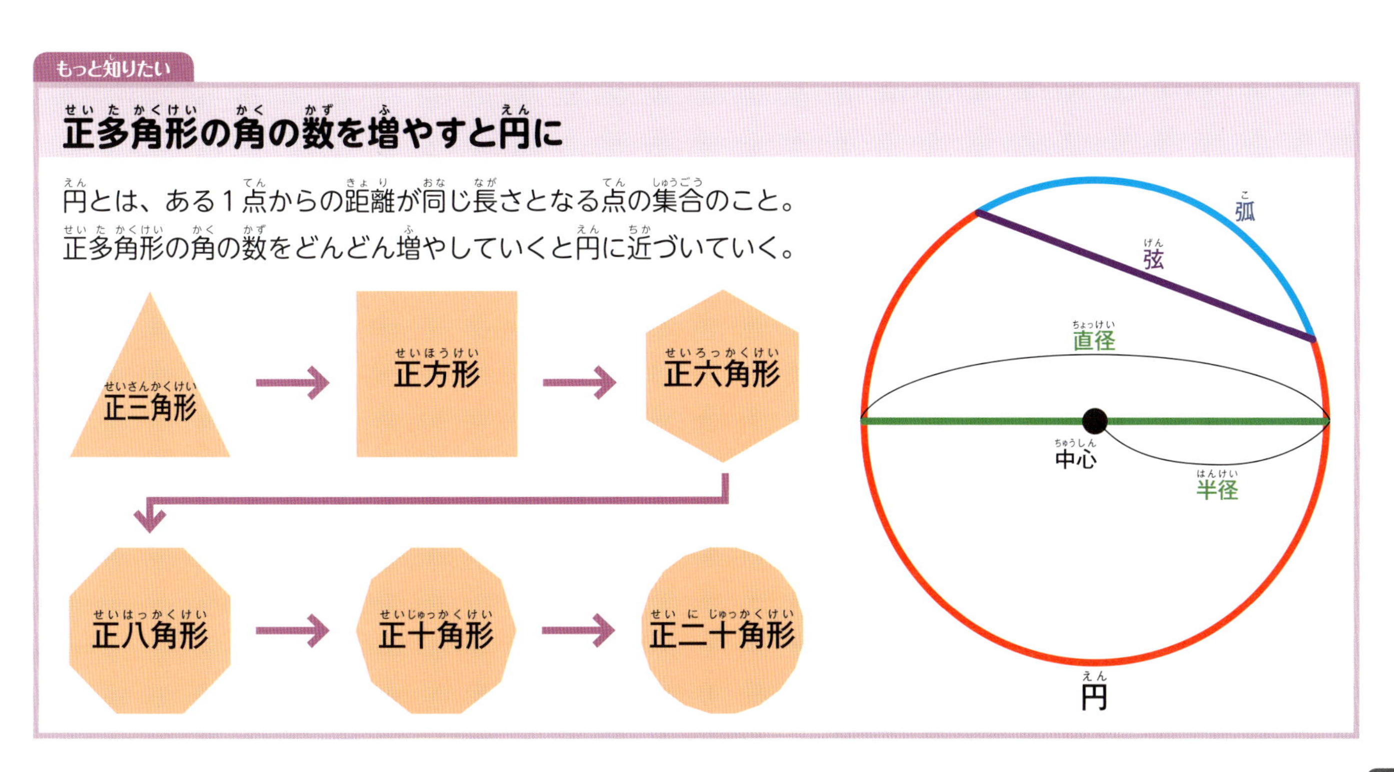

4. カバリエリの原理とは?

下の写真は、同じ大きさの本を積みかさねた状態を、真横からうつしたものです。まっすぐに積まれたものと、ゆがんだものがあります。

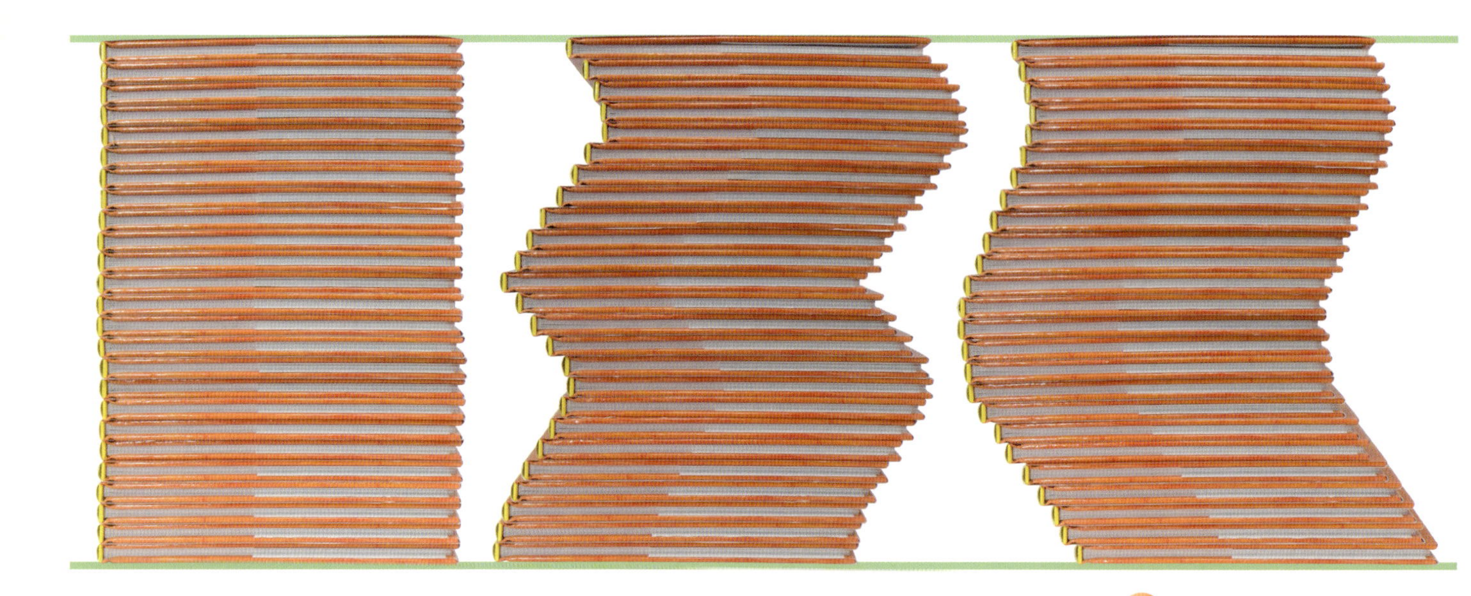

カバリエリの原理

●平面上に、平行線にかこまれた2つの図形があり、そのあいだにあるいくつもの平行線上の線分の長さがそれぞれ同じならば、2つの図形の面積も同じになる。このように同じ面積のままで形を変えることを「等積変形」という。この原理を発見したのは、17世紀に活躍したイタリアのカバリエリという数学者だ。

1冊1冊の本の大きさは変わらないので側面の面積はどれも同じ

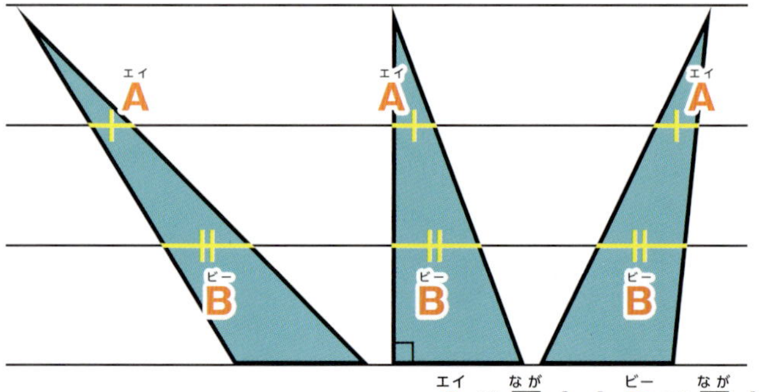

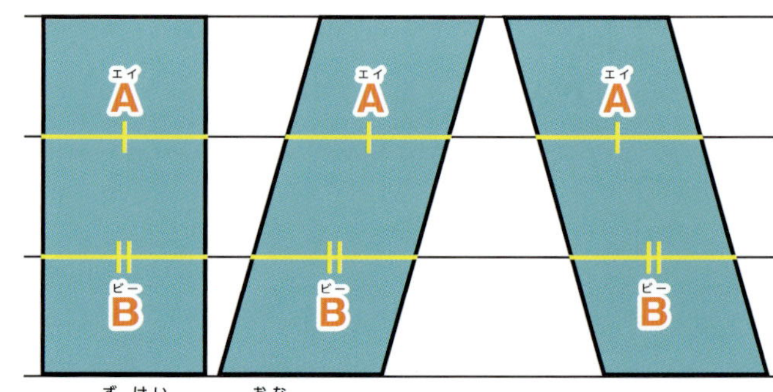

Aの長さとBの長さは、どの図形でも同じ。

立体のカバリエリの原理

●平行な２つの平面にはさまれた２つの立体A、Bがあって、この２平面に平行な直線で２つの立体を切った場合、切りとられた切り口の面積の比がつねに同じなら、A、Bの体積も同じになる。

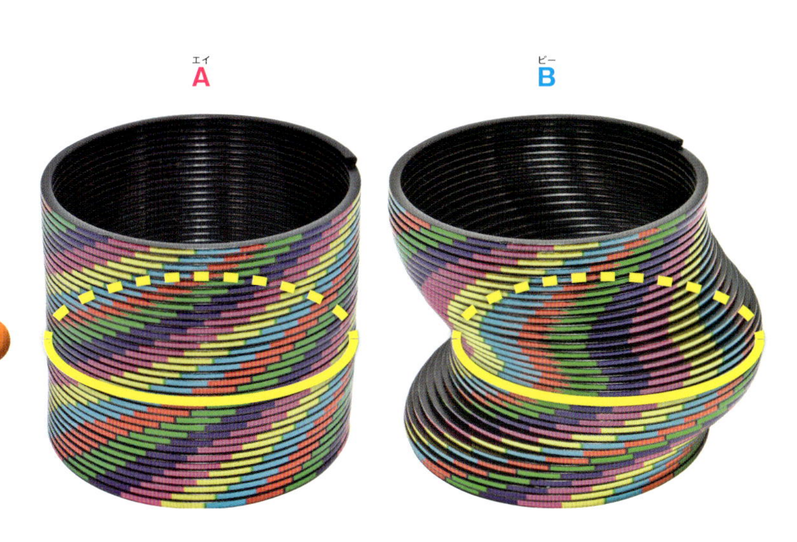

ふらふらくま

カバリエリの原理をつかって、面積は同じだけれど、形のちがう絵をつくってみよう。

じゅんびするもの

- 絵がら（自分でかくとよい）とそのカラーコピー
- 定規
- ハサミ
- のり
- 画用紙

❶コピーした絵がらを1cmはばに切る。このとき全部切りおとさないで、最後はつながったままにしておく。

❷❶で切った絵を、下から1本ずつ切りはなしながら、画用紙にはっていく。このとき、少しずつずらしながらはる。

❸下の絵のように、面積は同じで形のちがう絵がらができあがる。

元の絵

5. 四角いケーキを5等分!

**正方形のケーキがあります。このケーキを
5人で分けたいのですが、たてに5等分すると、
細長くなってしまい、お皿にのりません。
どのようにしたら、平等に切りわけられるでしょうか。**

まるいケーキを5等分する場合を考えると……

●まるいケーキの場合は、右の図のように、ケーキの円周を5等分するように、まんなかから切りわけることになる。上の問題は、この切りわけ方と同じ考え方で、とくことができる。

等積変形(→P36)の考え方を応用する

●まるいケーキと同じように四角いケーキの周囲を5等分し、中心から切りわける。

❶ケーキの側面に糸をひとまわりさせて、ケーキの周りの長さと同じ長さのひもをつくる。

❷その糸を5等分して、しるしをつける。

❸ケーキの側面に糸をもう一度もどして、図のように、中心からひものしるしと同じ位置で、ケーキを切る。

形はちがってもどれも面積は同じ！

平面図形で考える

●面積が同じになる理由をわかりやすくするために、右の図のように線をひいて考えてみる。

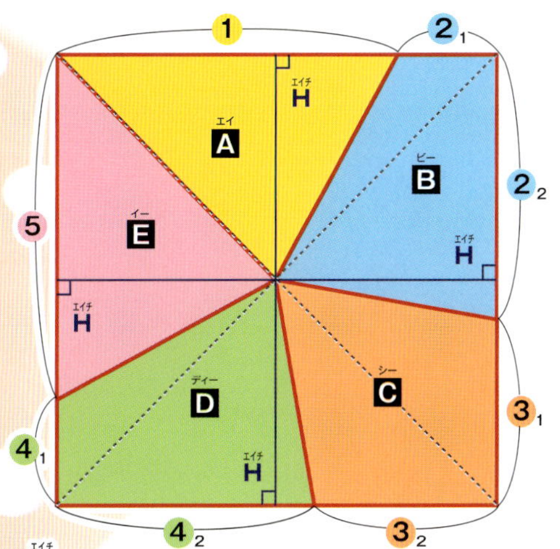

A は ① ×H÷2
B は $②_1$×H÷2＋$②_2$×H÷2
C は $③_1$×H÷2＋$③_2$×H÷2
D は $④_1$×H÷2＋$④_2$×H÷2
E は ⑤ ×H÷2

①＝$②_1$＋$②_2$＝$③_1$＋$③_2$＝$④_1$＋$④_2$＝⑤だから、A～Eの面積はすべて同じになる。

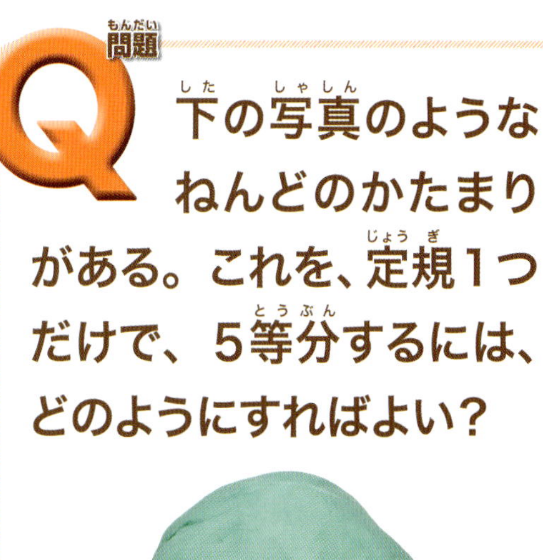

Q 問題

下の写真のようなねんどのかたまりがある。これを、定規1つだけで、5等分するには、どのようにすればよい？

→答えは95ページ

6. 知恵の板・タングラム

タングラムとは、1枚の正方形を、図の①～⑦のように、大きさのちがう三角形、四角形に切りわけたパズルのことです。7つの図形を全部つかってさまざまな形をつくることができます。

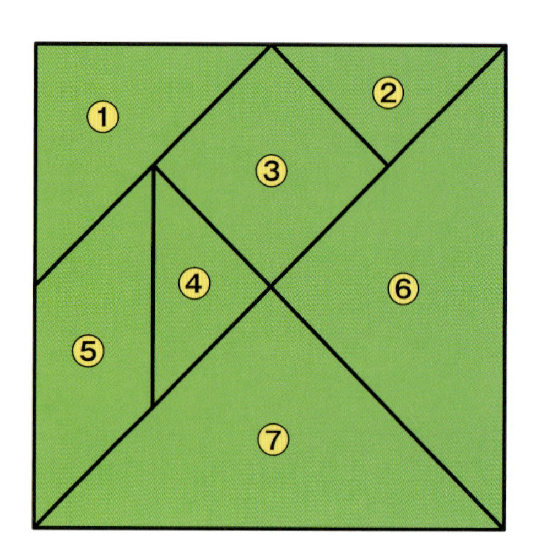

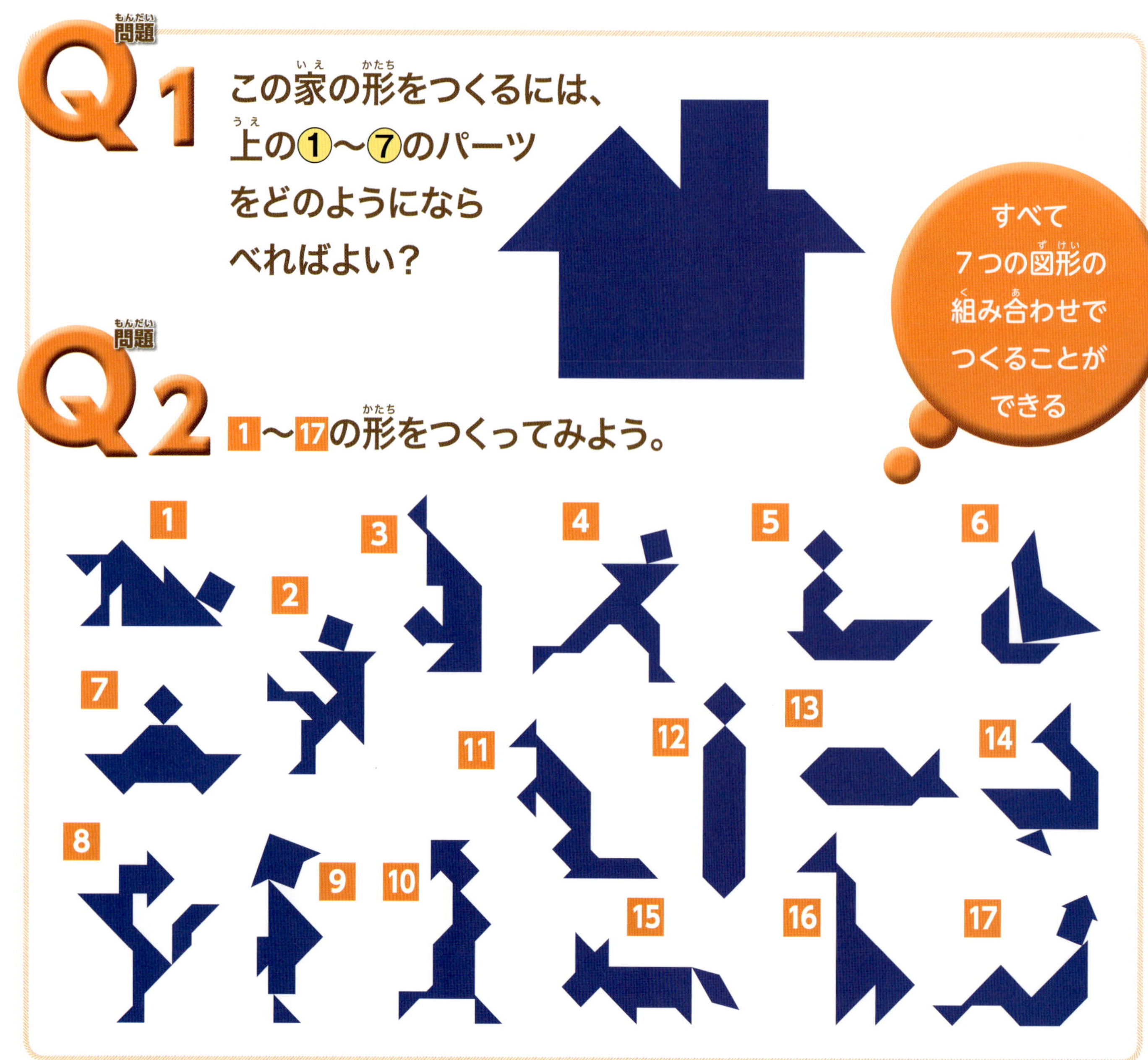

問題 Q1

この家の形をつくるには、上の①～⑦のパーツをどのようにならべればよい？

問題 Q2

1～17の形をつくってみよう。

→答えは95ページ

つくってみよう!

ダンボールタングラム

タングラムは、ダンボールをつかってかんたんにつくることができるよ。

じゅんびするもの

●ダンボール　●定規　●えんぴつ　●カッター

❶ダンボールで1辺10cmの正方形をつくり、1～4の順番で線をひいていく。

1 対角線AとBをひく。
2 左と上の辺の、それぞれの中点（まんなかの点）をむすんでCの線をひき、Cの線の左側にあるBの線の一部を消す（- - - の部分）。
3 対角線Bと平行になるようにDの線をひく。
4 左の辺と平行になるようにEの線をひく。

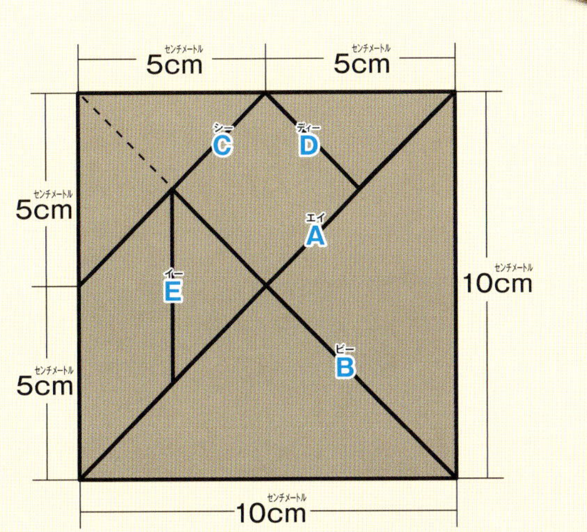

❷ 正方形をカッターで7つの形に切りわける。

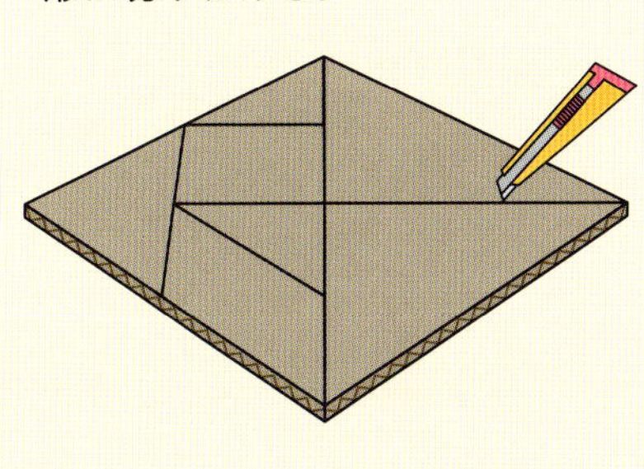

つくってみよう!

オリジナルタングラム

今度は、A、B、Cのような変型のタングラムをつくってあそんでみよう。A、Bは1辺10cmの正方形からそれぞれ9個と13個のパーツをつくるよ。Cは1辺6cmの正六角形からつくるよ。

じゅんびするもの

●ダンボール　●定規　●えんぴつ　●カッター

A 9ピース

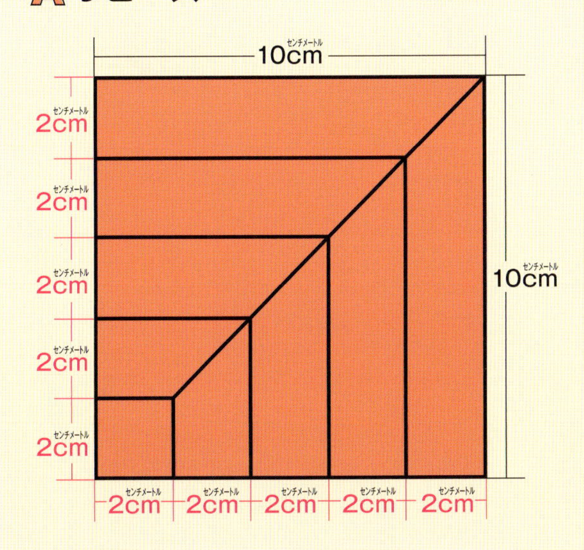

B 13ピース

正方形の各辺の中点をむすんで、ひとまわり小さな45°かたむけた正方形をかく（3回くりかえす）。

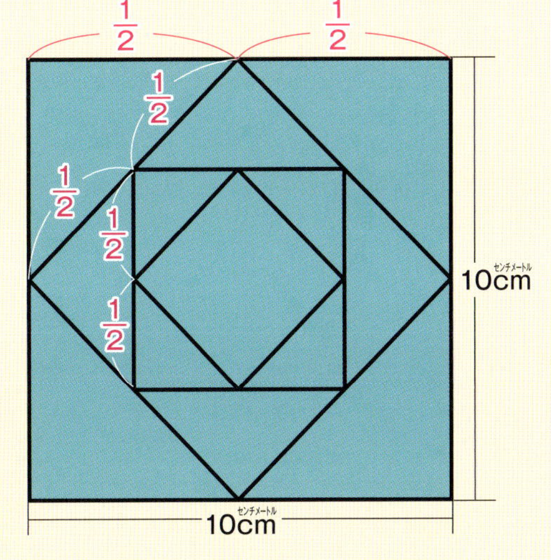

C 18ピース

1辺が6cmの正三角形を6個つなげて正六角形をつくる。また、正三角形のなかに図のような台形のピースを3個ずつつくる。

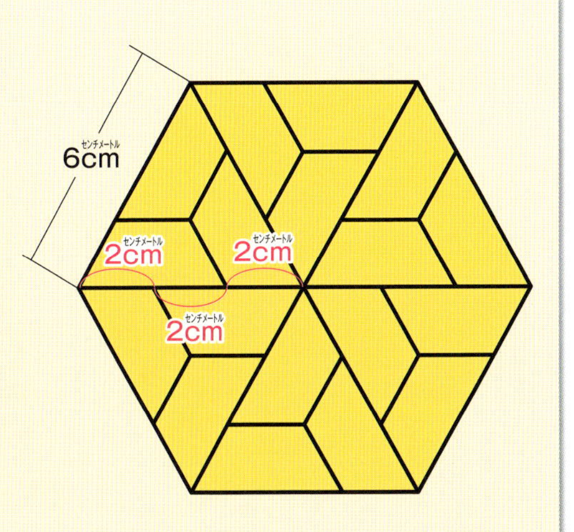

7.ペントミノとは？

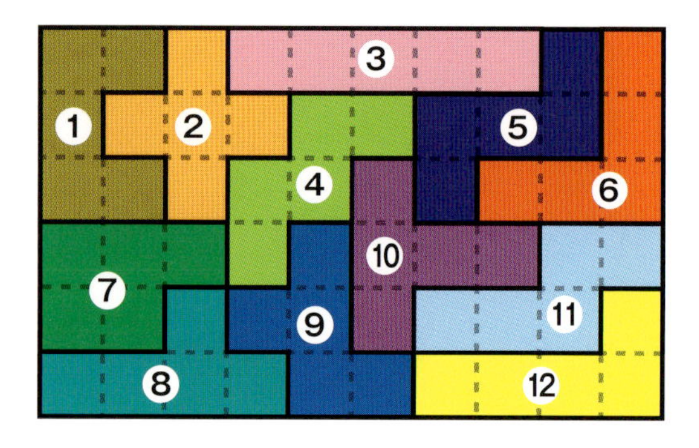

上の図は、ペントミノというパズルです。
パーツは①～⑫まであり、
どれも正方形を5個つなげた形をしています。
5個の正方形をつなげた形で、なおかつ、
下のパターンをつくることができる形は、
この12種類しかないという
ふしぎな特徴があります。

チョコレートのもようのペントミノ

4つのパターン

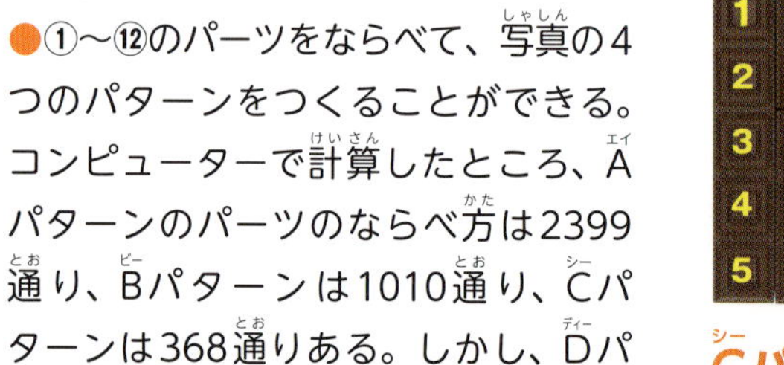

●①～⑫のパーツをならべて、写真の4つのパターンをつくることができる。コンピューターで計算したところ、Aパターンのパーツのならべ方は2399通り、Bパターンは1010通り、Cパターンは368通りある。しかし、Dパターンは2通りしかない。

Bパターン たて5×横12

Cパターン たて4×横15

Dパターン たて3×横20

Aパターン たて6×横10

正方形ペントミノ・ゲーム

つくってみよう！

方眼紙をつかって、ペントミノをつくろう。パズルだけでなく、対戦ゲームもたのしめるよ。

じゅんびするもの

- 方眼紙
- 定規
- えんぴつ
- カッター
- ダンボール
- 接着剤

❶ 1辺が16cmの正方形に切りだした方眼紙に2cmのマス目をかき、下の図のように太い線をかきくわえる。

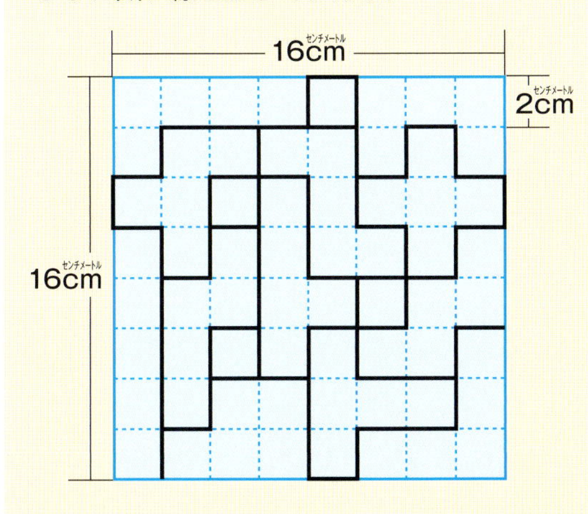

❷ ❶の太い線にそって切りわける。2cm × 2cmの正方形5個がつながった12種類の形と、あまり4個ができる。

❸ ダンボールで1辺18.5cmの正方形と長さ17.5cm、はば1cmの枠をつくる。正方形に枠をはりつけ、枠の内側に2cmのマス目をかく。

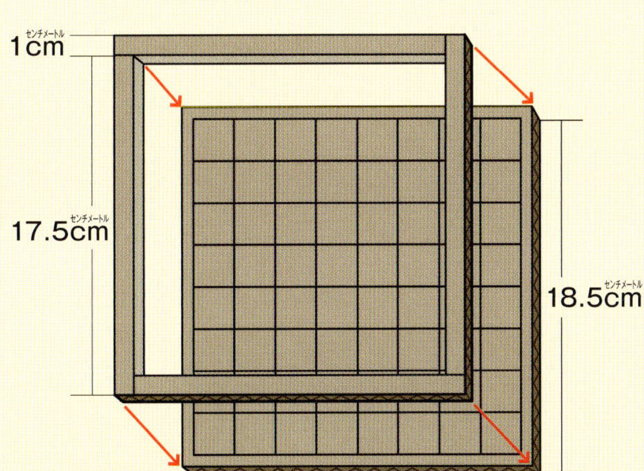

ゲームのあそび方

A 1人あそび

たて、横8個のマス目のなかに、12個のペントミノとあまりの4個をならべてみよう。

例

B 2人あそび

先手と後手を決める。12個のペントミノから1個をえらんで、たて、横、8個のマス目のてきとうと思うところに置いていく（あまり4個はつかわない）。先にマス目におけなくなったほうが負け。ペントミノはうらがえしてつかってもよいが、一度置いたペントミノは、うごかすことはできない。重ねて置いてもいけない。

8. まちで見かける タイルもよう

まちでは、同じ形のタイルをしきつめて、美しいもようをつくっている建物や道路を目にすることができます。

いろいろなタイルもよう

規則正しいもよう!

●タイルもようは、1つの形をある規則にしたがってしきつめたものです。ならべ方や、しきつめる形を変えると、見えるもようも変わってきます。

長方形

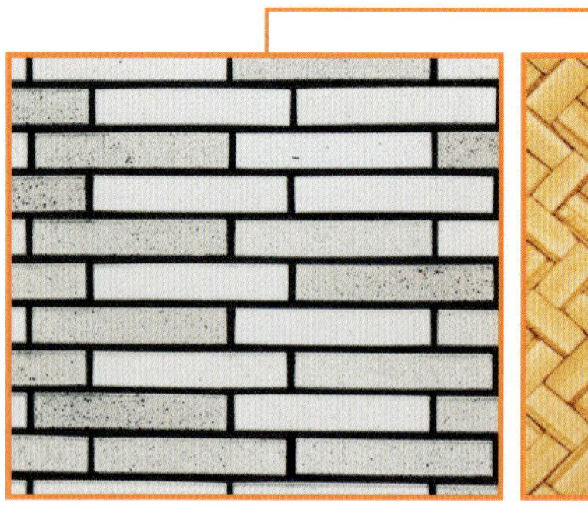

正方形

六角形

平行四辺形

三角形

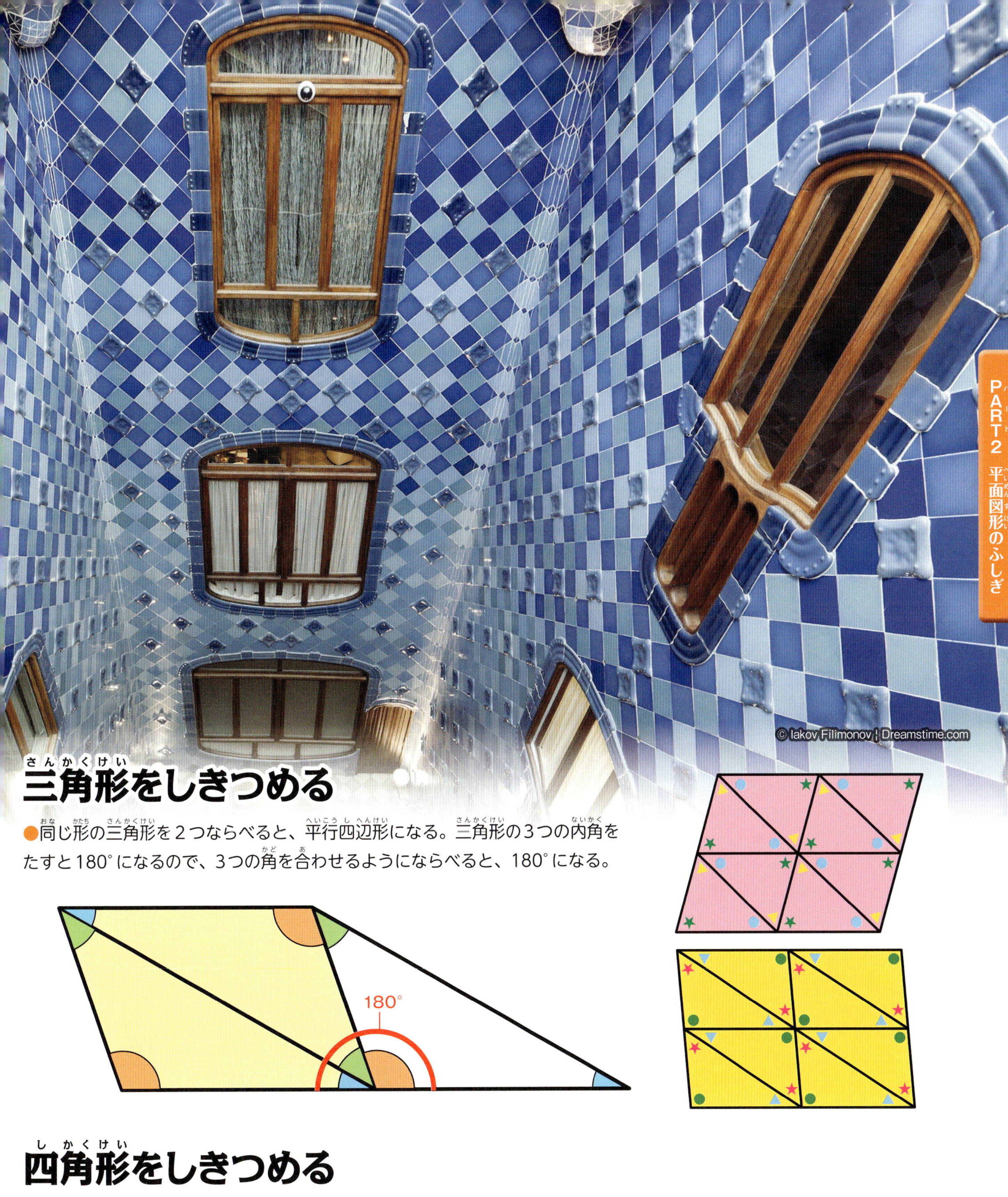

三角形をしきつめる

●同じ形の三角形を2つならべると、平行四辺形になる。三角形の3つの内角をたすと180°になるので、3つの角を合わせるようにならべると、180°になる。

180°

四角形をしきつめる

●正方形、長方形をならべると、さまざまな四角形をつくることができる。また、四角形の4つの内角をたすと360°になるので、不規則な四角形でも、同じ形ならばタイルもようにならべることができる。

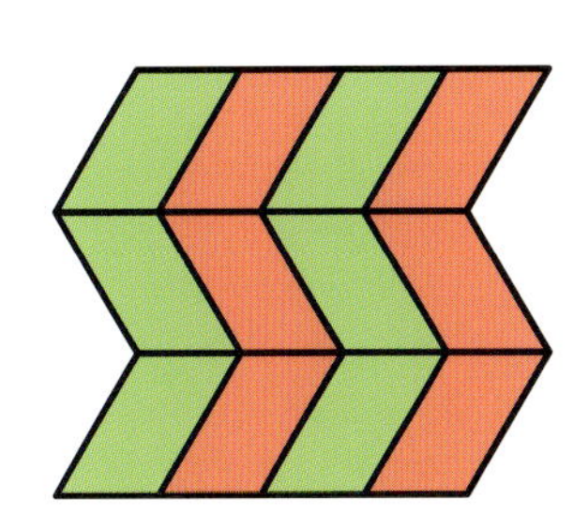

不規則な四角形

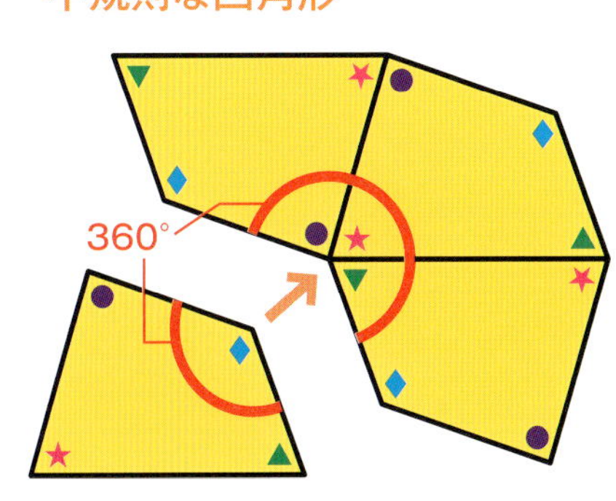

9. 相似とは？

形が同じで大きさが違う2つの図形は互いに相似であるといいます。下の写真のボールは、平面図形として見た場合、大きさはちがいますが、すべて円なので、互いに相似であるといえます。

もっと知りたい

ふしぎな同心円

中心が同じで、大きさのちがう円の集まりのことを「同心円」とよぶ。右の図のAは、いくつかの円が交差しているように見えるが、指でなぞると同心円であることがわかる。Bは、顔を近づけたり、遠ざけたりすると円が動いて見える。

A

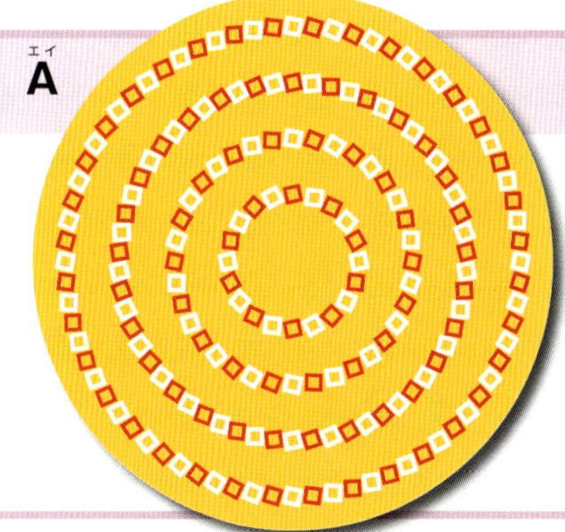

B

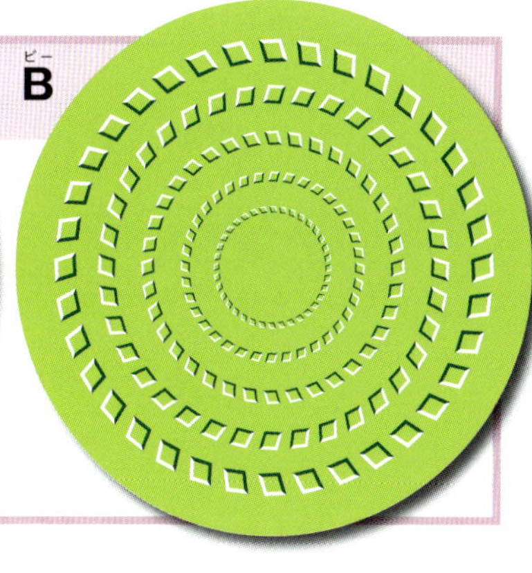

つくってみよう!

相似形のつくり方

じゅんびするもの
●紙 ●定規 ●えんぴつ

定規をつかって、相似形をかいてみよう。

❶もとの図形の外側に「基点*」をとる。

基点

*相似の中心といいます。

❷基点から、もとの図形の角を通る線を全部ひく。この場合、角は6個あるので6本。

基点

❸同じ角が同じ線の上にくるように、もとの図形の相似形を、平行線をつかってかいていく。

基点

ひいた線の上に、相似形の1点を決める（黄色い点）。もとの図形の線と相似形の線とが平行になるように、線をひく（①）。同じようにして②から⑥まで線をひく。

この線と交わるまで、平行線①を下から上へひく。

この点をもとにして平行線②をひく。

10. 2倍の長さにするには？

46ページのように、直線でできた平面図形なら、定規ではかって、拡大した相似の形をかくことができます。では、右のような、曲線でできた絵を拡大するには、どうしたらよいでしょうか。

同じイラストを拡大してかく方法

輪ゴムのかくしわざ

●輪ゴムを2本むすびあわせて、一方のはしをピンでしっかりとめ、もう一方にえんぴつをひっかける。輪ゴムのむすび目を、もとの絵にそって動かしてかく。

ピンからもとの絵までは輪ゴム１本分の長さ、拡大してかく絵は２本分の長さとなる。長さが２倍になると面積は４倍になるから、４倍の大きさの絵がかける。

左は、輪ゴム３本をつかって、面積を９倍に拡大しているところ。輪ゴムは、３本つなぎ、１本目のむすび目を、もとの図形にそってうごかしていく。図の**サ**に１本目のむすび目があるとき、**ア**から**サ**のあいだが輪ゴム１本分、**ア**から**ハ**は、輪ゴム３本分。

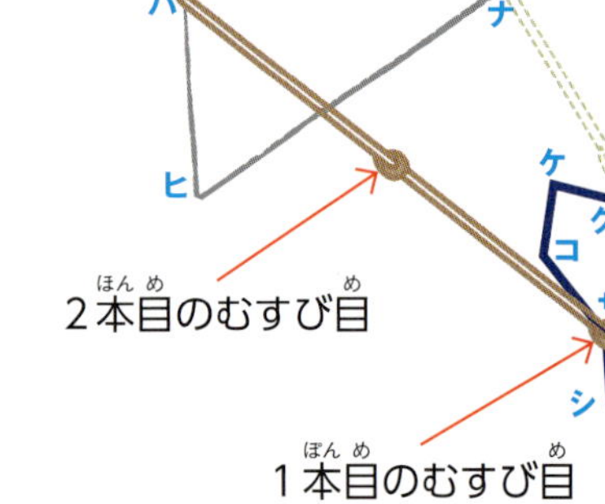

もっと知りたい

辺の長さが2・3倍なら面積は4・9倍

正方形の１辺の長さが１mの場合、面積は$1 \times 1 = 1m^2$。１辺が2倍の2mとなると、面積は$2 \times 2 = 4m^2$で、４倍となる。１辺が3倍の3mになると、面積は$3 \times 3 = 9m^2$で、９倍となる。

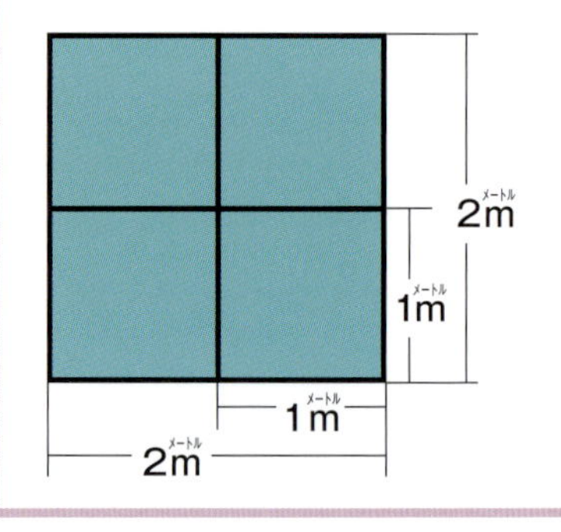

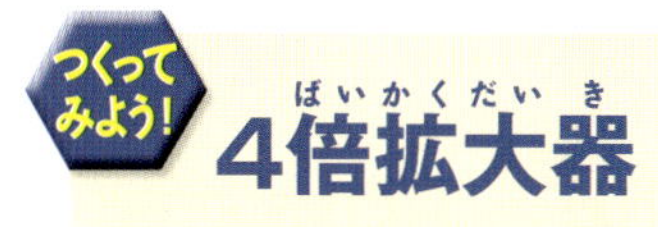

4倍拡大器

かんたんに4倍の大きさの絵をかくことができる「4倍拡大器」をつくってみよう。原理は、左ページの「輪ゴムのかくしわざ」と同じだよ。

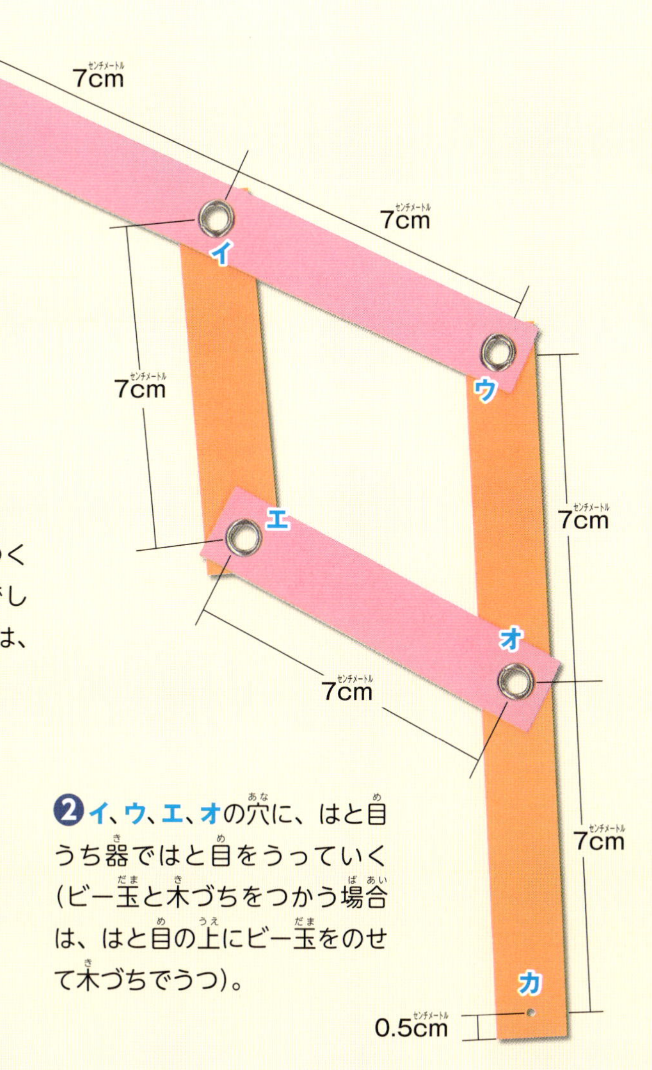

じゅんびするもの

- 厚紙またはプラ板
- ハサミ
- ピン
- はと目
- 穴あけ器（パンチ）
- はと目うち器（またはビー玉と木づち）

❶厚紙をハサミで切って、図のような細長い板を4本つくる。はしから0.5cmのところと、長い板の中心にピンでしるしをつける。**ア**と**カ**はピンで針穴を、また**イ**、**ウ**、**エ**、**オ**は、穴あけ器（パンチ）で、はと目用の穴をあける。

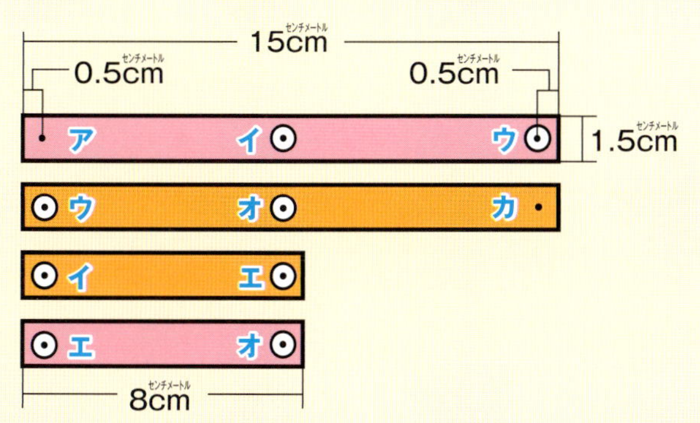

❷**イ**、**ウ**、**エ**、**オ**の穴に、はと目うち器ではと目をうっていく（ビー玉と木づちをつかう場合は、はと目の上にビー玉をのせて木づちでうつ）。

つかい方

❶**ア**のところに、ピンをさしてとめる。

❷**カ**に、えんぴつをさす。

❸**エ**の穴が、もとの絵の輪郭をなぞっていくように、えんぴつをうごかしていくと、もとの絵の4倍の大きさの絵がかける。

11. よくまわるのはどれ？

コマといえば、まるい形が一般的です。しかし、写真のようないびつな形のコマでも、「重心」とよばれる位置に軸をつければ、よくまわります。

いびつな形でも よくまわる コマ！

四角形の重心

●重心とは、ものをつりさげたときに、かたむかずにバランスがとれる点のこと。平行四辺形、ひし形、長方形、正方形は、2本の対角線が交わったところが重心となる。

平行四辺形（ひし形）

重心

対角線

重心

長方形

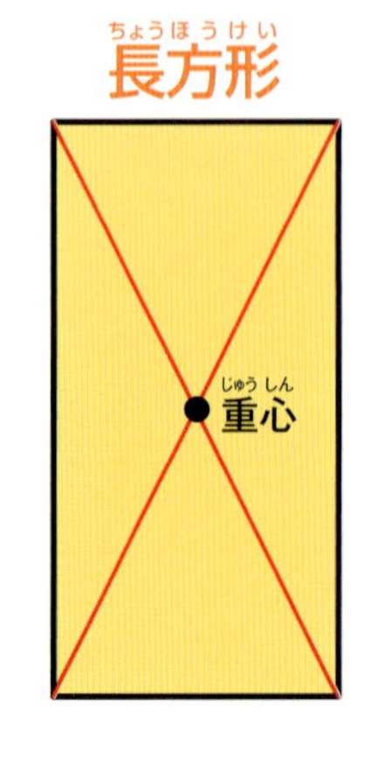

正方形

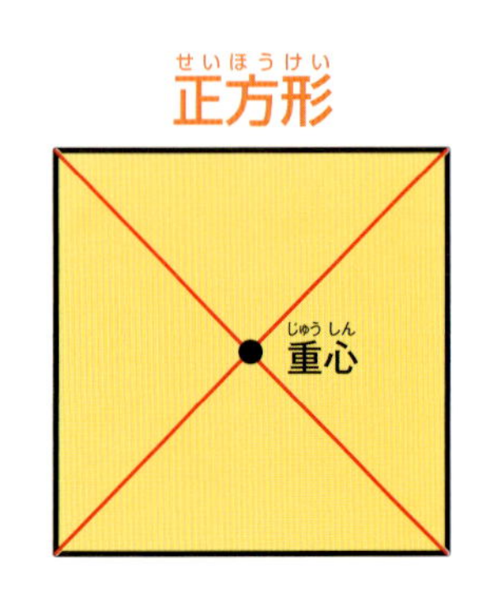

三角形の重心

●三角形は、どんな形でも、頂点とその反対側の辺の中点（辺のまんなかの点）をむすんだ線が交わったところが、重心。三角形には頂点が3つあるが、重心を見つけるためには、2本の線をひくだけでよい。

三角形

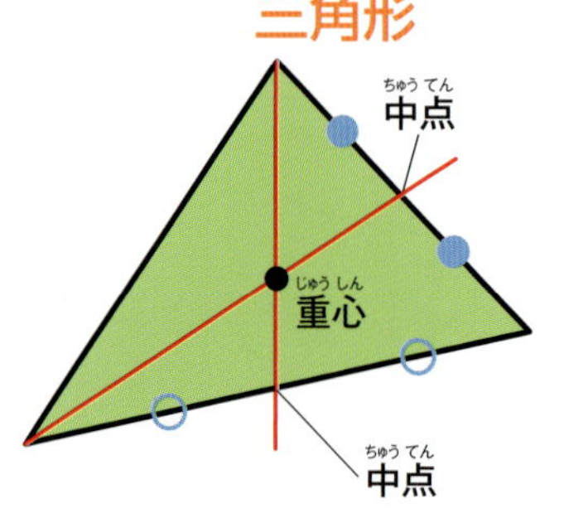

直角三角形

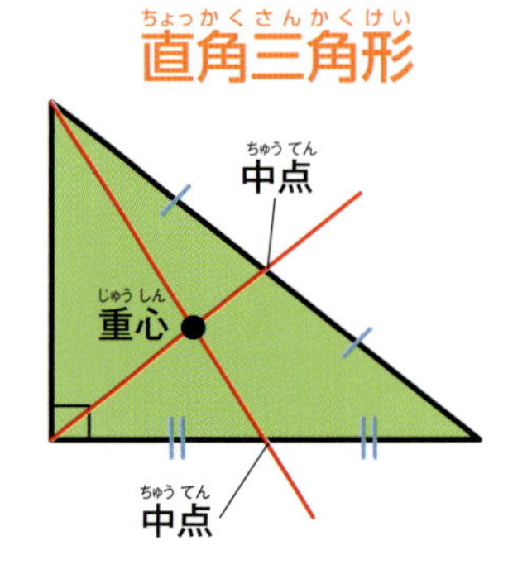

正三角形

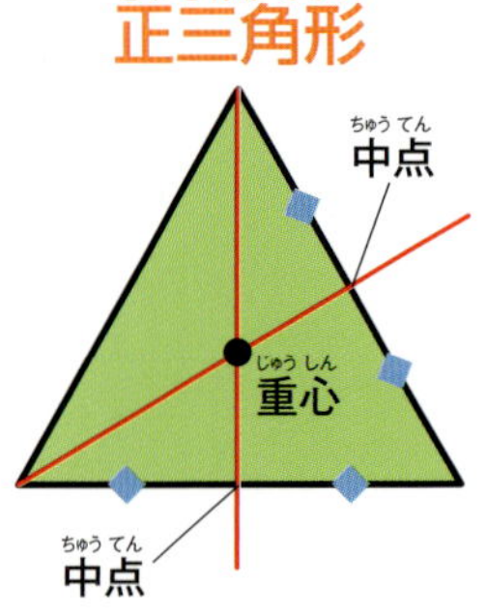

つくってみよう!

いろいろなコマ

どんな形にも、かならず重心があるよ。
重心の見つけ方を紹介するよ。

じゅんびするもの

- 糸
- 画びょう
- おもり（おもりはねんど、消しゴム、5円玉などなんでもよい）
- 厚紙
- えんぴつ
- ようじ
- ボンド

❶ 糸の両方のはしに画びょうとおもりをむすびつける。

❷ 厚紙でいろいろな形をつくり、それぞれの形の角に近いところに画びょうをさして、厚紙とおもりをぶらさげる（右図）。糸にそって線をひく。

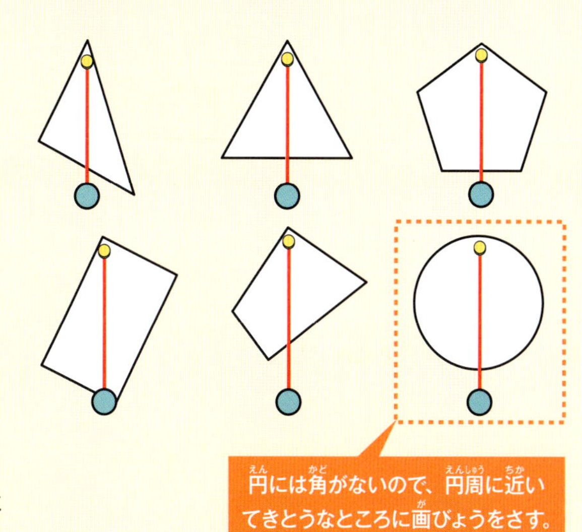

円には角がないので、円周に近いてきとうなところに画びょうをさす。

❸ 別の角のところに画びょうをさして、❷と同じように糸にそって線をひく。

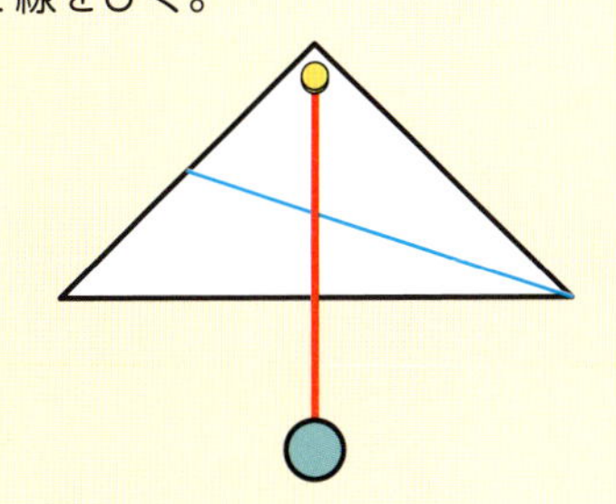

❹ 2本の線の交わったところにしるしをつける。ここが重心。

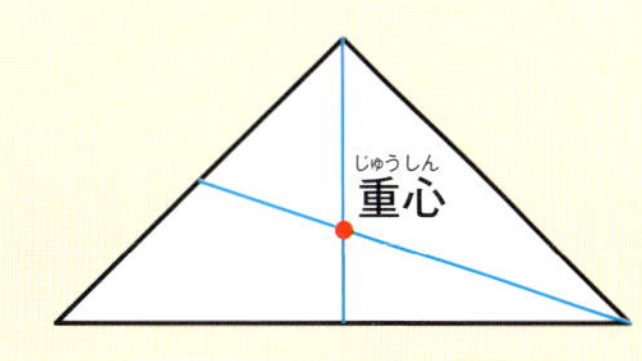

❺ 重心に画びょうで穴をあけ、ようじをさしてボンドでとめる。

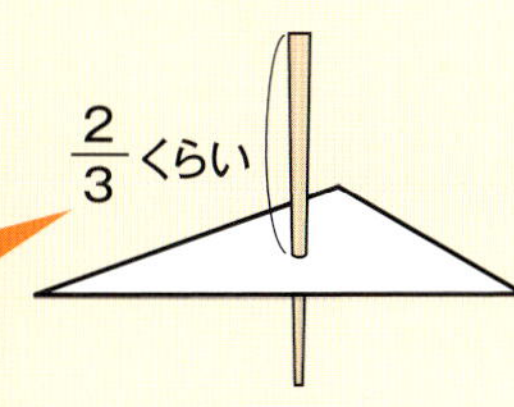

もっと知りたい

内心と外心

三角形の3つの内角を二等分した線が交わる点を「内心」という。内心から各辺までの長さは同じで、内心を中心とする円をかくことができる。これを内接円という。

また、三角形の各辺を垂直に二等分する線（垂直二等分線）が交わる点を「外心」という。外心から三角形の3つの頂点までの長さは同じで、外心を中心とした円をかくことができる。これを外接円とよぶ。

内心と内接円の図

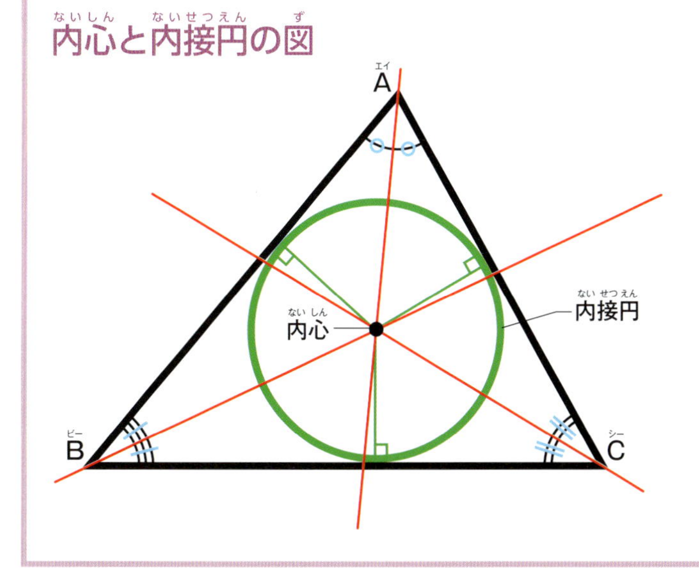

外心と外接円の図

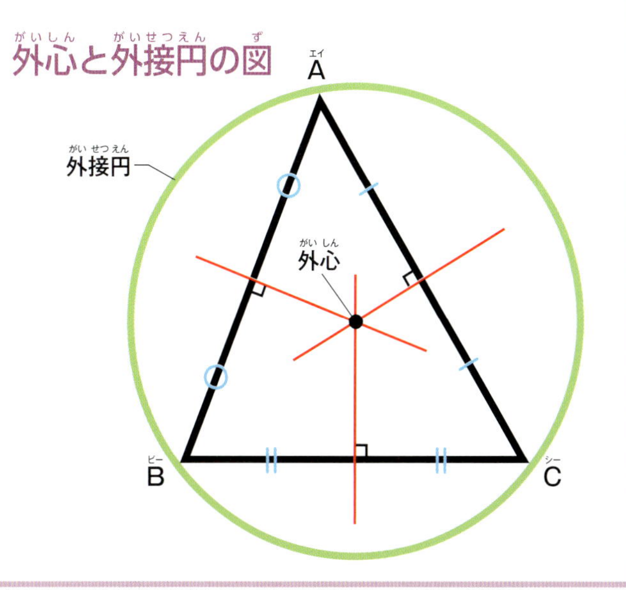

12. 一筆書き

線でできた図形上のある1点から出発し、
同じ線の上を2度通ることなく、
連続で全部の線をたどりつくせる場合、
その図形は、「一筆書きできる」といいます。

問題

1 ～ 9 の図形は、一筆書きできるかできないか？

1

2

3

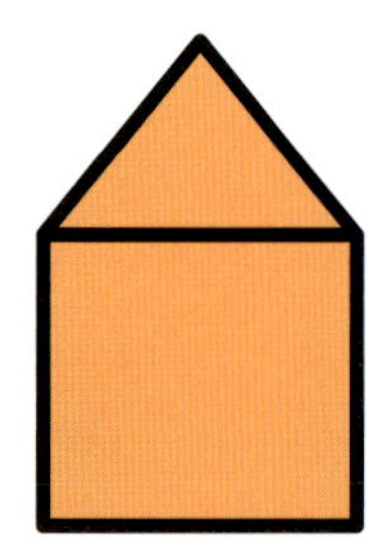

4

5

6

7

8

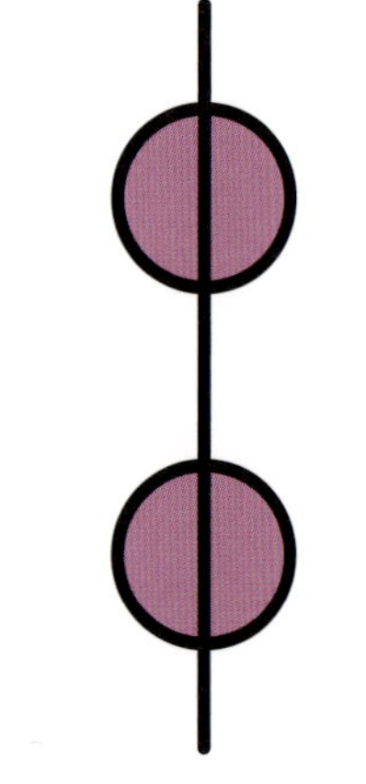

9

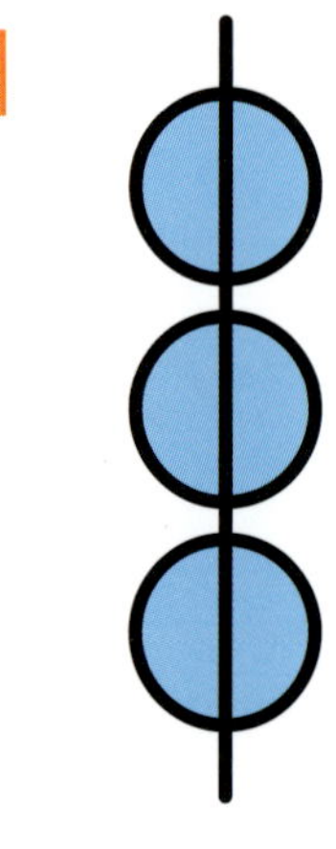

→答えは95ページ

「ケーニヒスベルクの橋」の問題

●ケーニヒスベルク（現在のロシアのカリーニングラード）というまちには、上の絵のような川が流れ、7つの橋がかかっていた。このまちで、「同じ橋をつかうことなく、すべての橋をわたってもとの場所にもどれるか」という問題が出された。

オイラーの考え方

●1736年、数学者のオイラーは、この問題を聞いて、右の図のように陸地を点に、橋を線に置きかえ、この線を一筆書きできるかどうかを考えた。そして、彼はすぐに「できない」という答えを出したという。

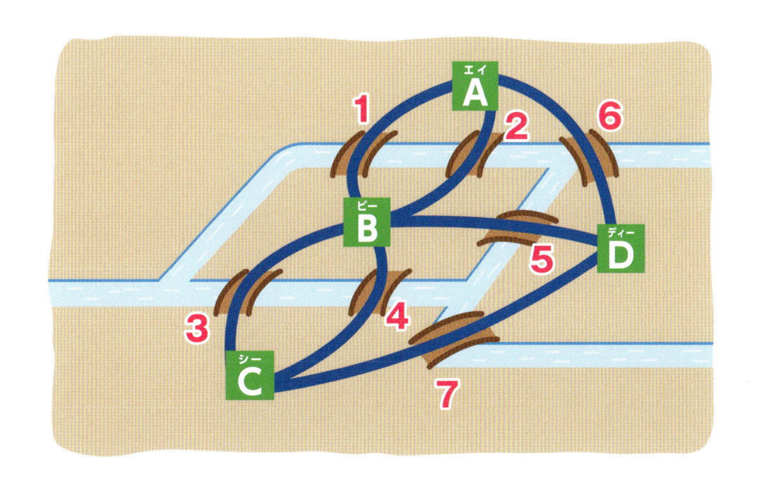

一筆書きができる条件

●図形の頂点や線の交差に目をつけると、1つの点から出ている線が奇数の場合と偶数の場合があることがわかる。奇数の線が出ている点を奇点（奇数点）、偶数の線が出ている点を偶点（偶数点）とよぶ。

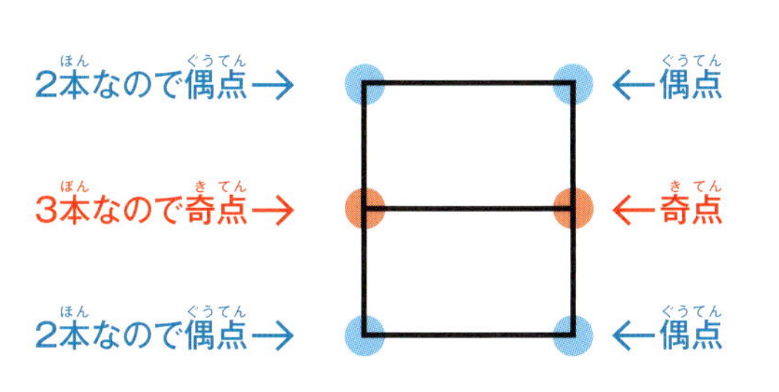

●一筆書きができる図は、かならず下記のどちらかの条件を満たす。
▶偶点だけでできている（奇点がない）。
▶奇点を2つもつ。

図				
奇点の数	2つ	なし	4つ	4つ
偶点の数	なし	4つ	1つ	4つ
一筆書き	できる	できる	できない	できない

ものしりコラム

線対称と点対称

1本の線を折り目にして、2つ折りにしたときに、
ぴったり同じ形になることを線対称といいます。またある1点を中心にして、
180°回転させたときに、もとの形と重なることを点対称といいます。

二等辺三角形のまんなかに線をひく。この線で折ると、ぴったりと重なり直角三角形ができる。

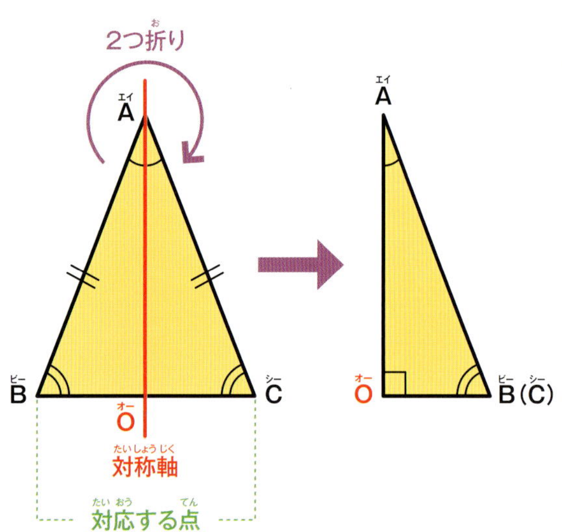

いろいろな線対称

蝶

タージマハル

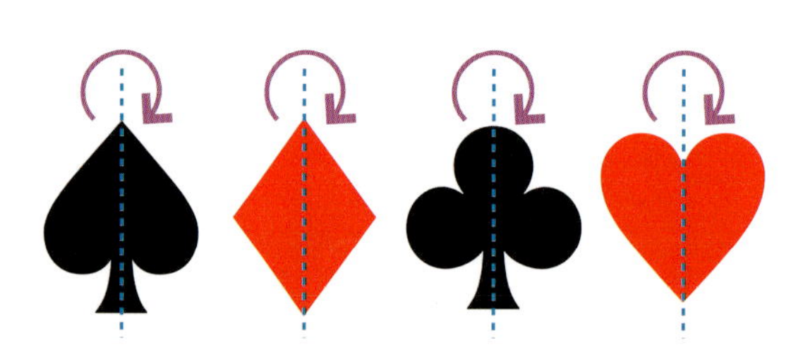
トランプのもよう

点対称

平行四辺形は、重心を中心に180°回転させても、回転前と形が変わらない。

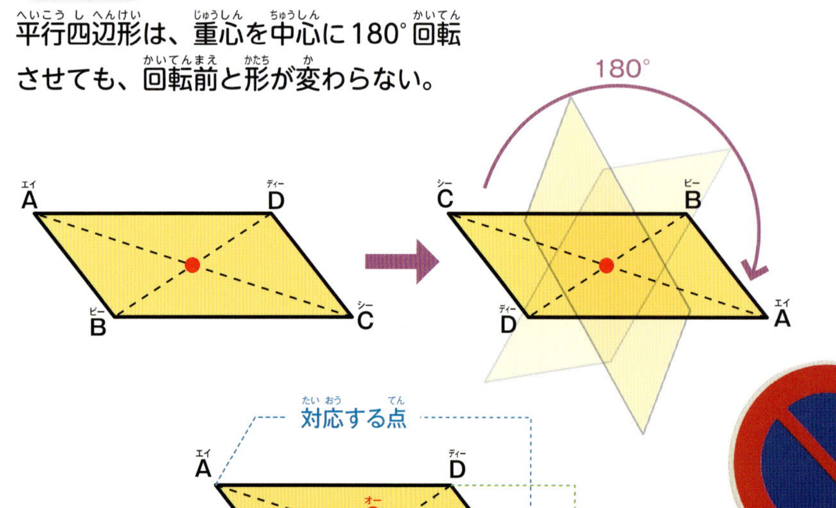

いろいろな点対称

イギリス国旗

駐車禁止の道路標識

トランプ

PART3

長さ・量と測定

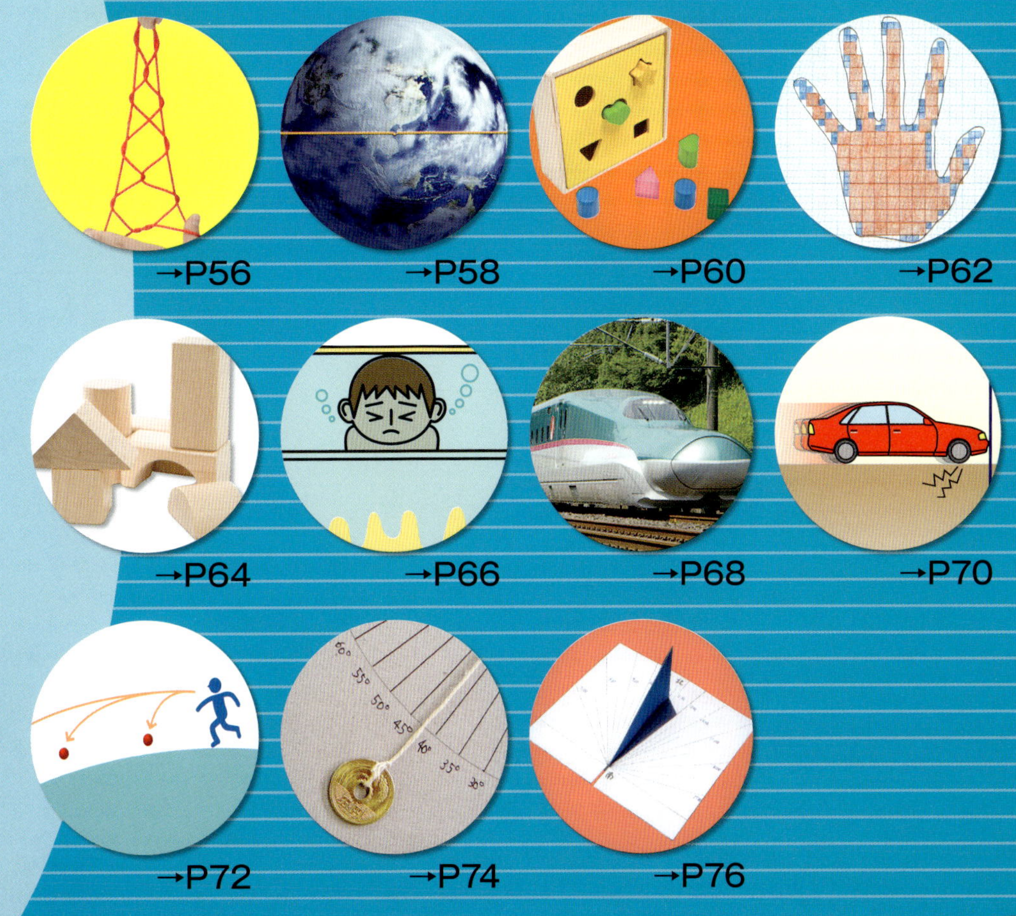

1. 同じ長さ

あやとりのひもの長さは
つねに一定です。
できた形をよく見ると、
平面図形がいくつも
集まっていることがわかります。
その図形の周囲の長さの合計は、
二段ハシゴ・三段ハシゴ・
四段ハシゴ・東京タワー、
どれも同じということです。

三段ハシゴ

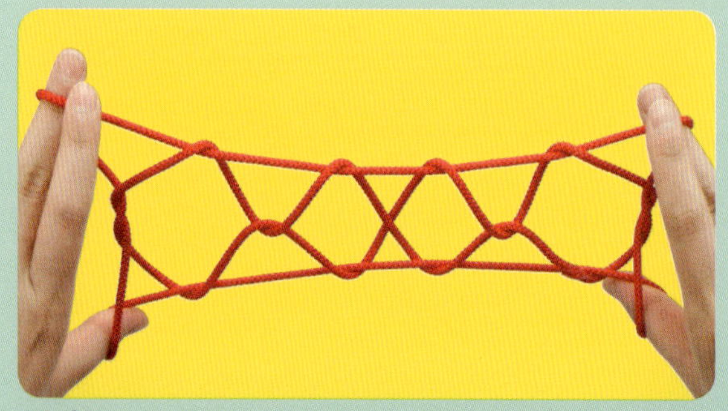
四段ハシゴ

東京タワー

ひもの長さは
どれも同じ

つくってみよう!

二段ハシゴのつくり方

実際にあやとりをして、ひもの長さを実感してみよう!

じゅんびするもの

●あやとりひも

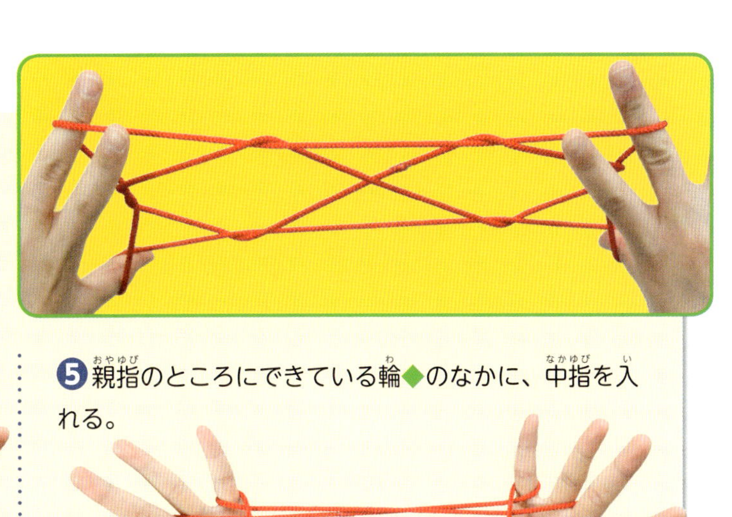

❶写真のようにかまえ、親指の★をはずす。

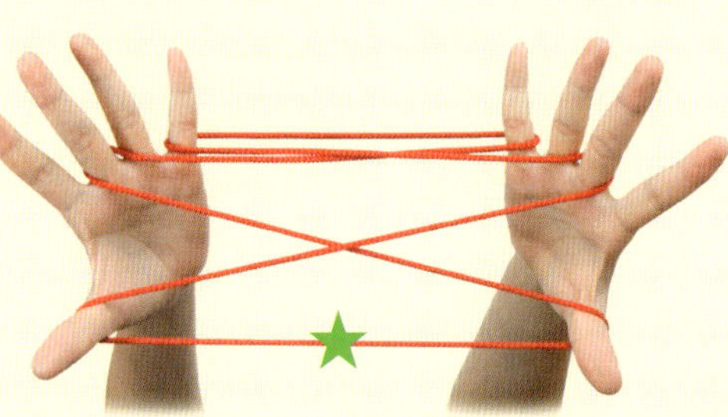

❷親指で小指にかかっている奥の●を上からとる。

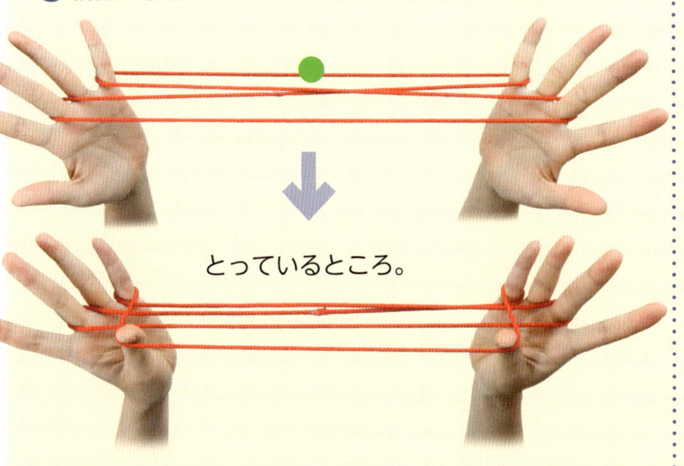

とっているところ。

❸中指にかかっている手前の▲を、その手の親指で下からとる。

❹親指にかかっている下の■を、親指からはずす。

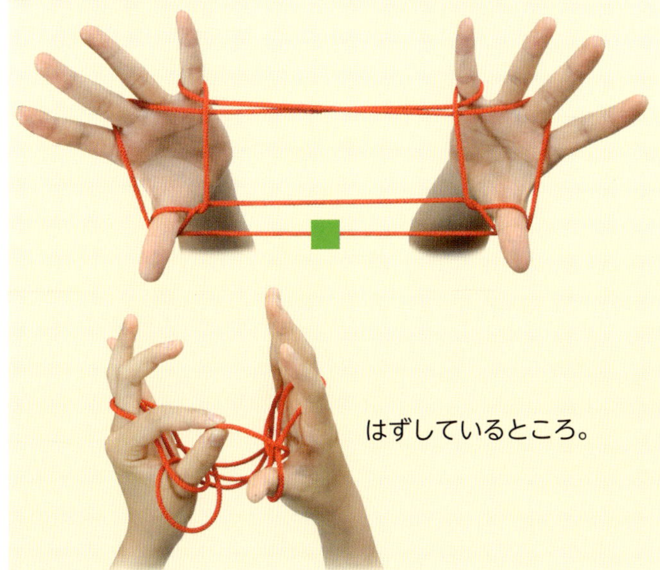

はずしているところ。

❺親指のところにできている輪◆のなかに、中指を入れる。

❻中指を入れながら、↓をはずす。

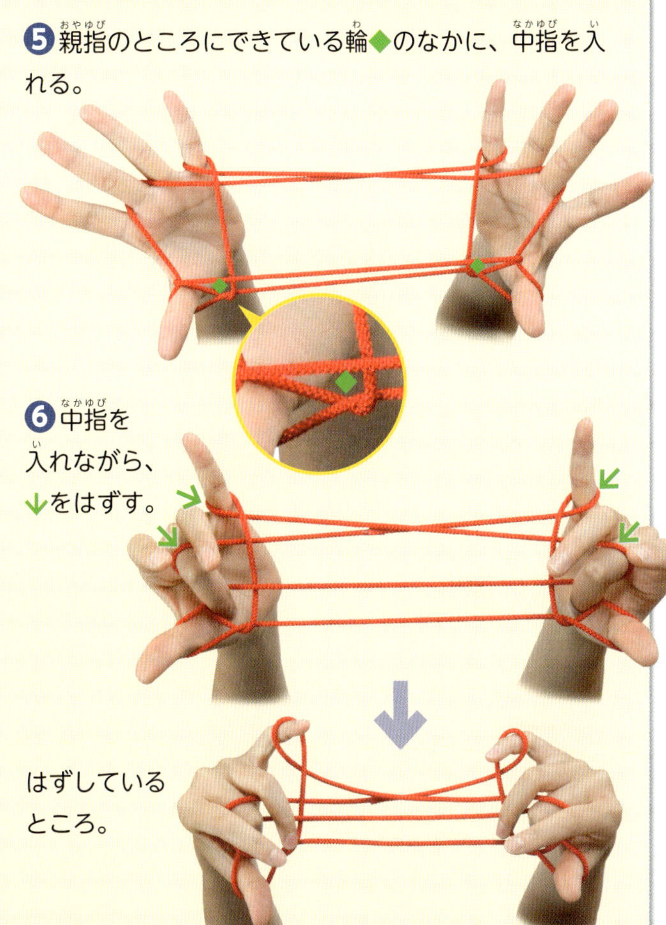

はずしているところ。

❼そのまま、中指でひもをおさえながら、両手の手のひらを向こう側へ向ける。

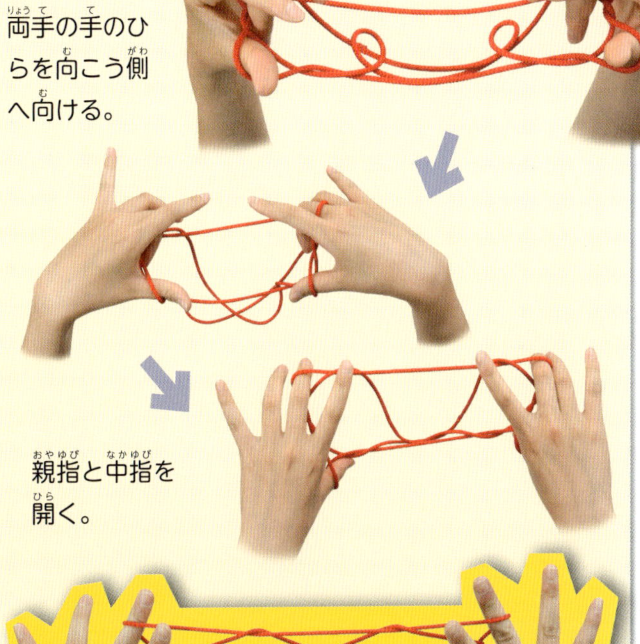

親指と中指を開く。

二段ハシゴの完成!

2.お腹の出っぱり

**ダイエットに成功!
ズボンがぶかぶかになりました。
ズボンの胴回りを円にしてみると、
その直径とベルトの位置との
関係がはっきりわかります。**

Q 問題

地球がまんまるで、その地球の赤道にロープをまくことができたとすれば、ロープの長さは、約40000km。そのロープを1mだけ長くのばす。すると、ロープがゆるんで地球の地面からどのくらい離れるだろうか?

※円周率を3.14とする。

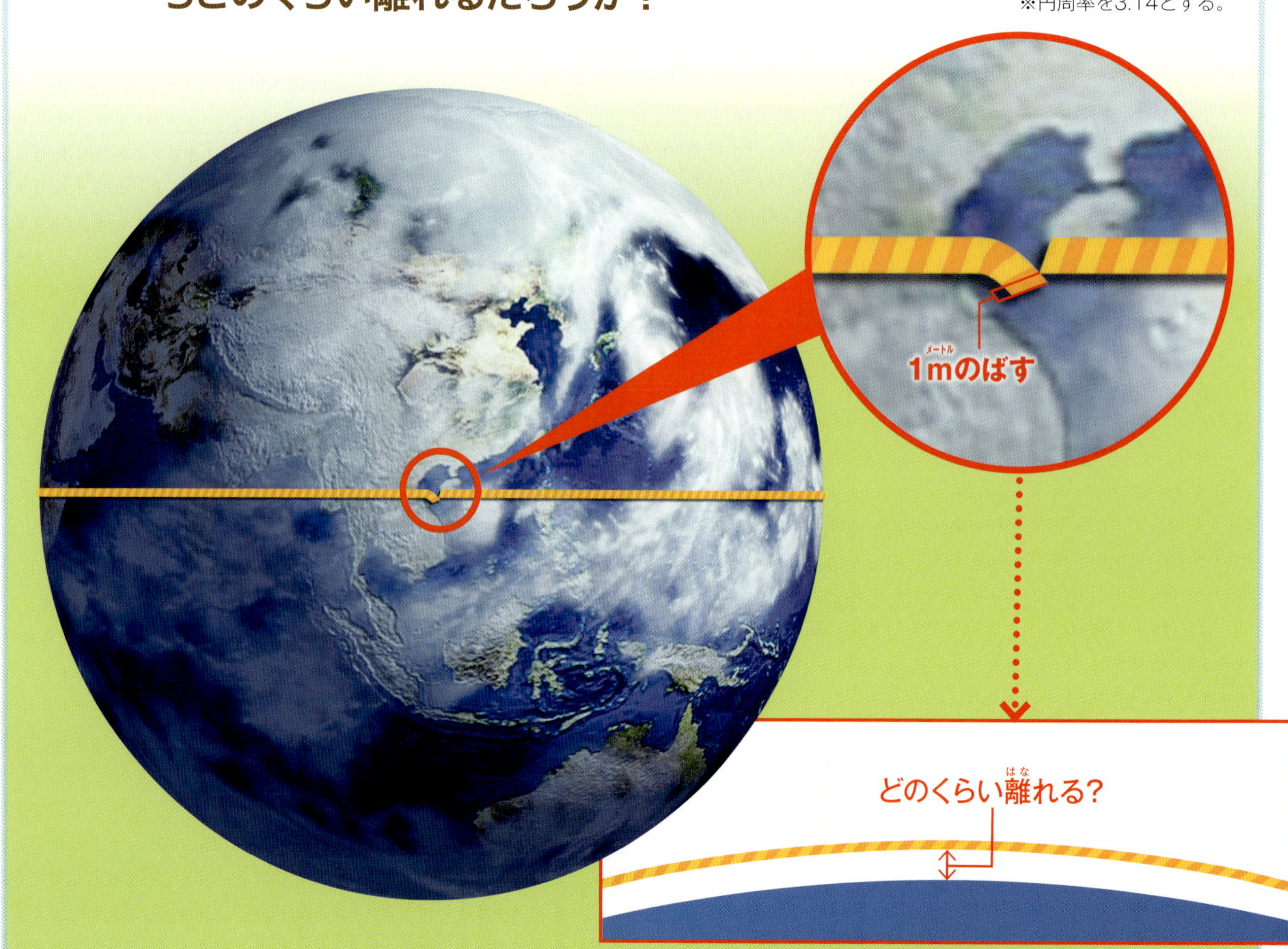

→答えは95ページ

円周の長さ

●円の周りのことを「円周」という。円周の長さが、直径の長さの何倍であるかをあらわす数値を「円周率」という。円周率は、円周÷直径でもとめられる。その数値は、どんな大きさの円でも約3.14になり、ギリシャ文字のπであらわす。円周は、直径に約3.14（π）をかけた長さ。逆に円周の長さを約3.14（π）でわると直径になる。

- **円周＝直径×約3.14（π）**
- **直径＝円周÷約3.14（π）**

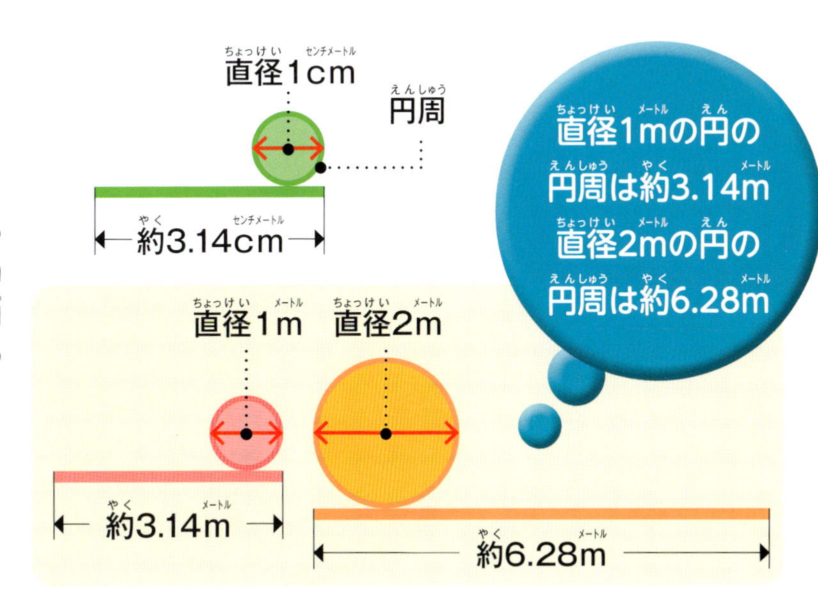

π（円周率）のもとめ方

●π（円周率）は、ふつうの計算では3.14（かんたんに3とすることもある）としているが、小数点以下の数字は無限に続く。また、π（円周率）は古代ギリシアの数学者、アルキメデスによってはじめてもとめられたといわれている。

アルキメデスは、円周は円に内接する平面図形の周りの長さより大きいけれど、外接する同じ形の図形の周りの長さよりは短いことに気づく。そして、正五角形→正八角形→……と、角数をどんどん多くして正九十六角形をつくり、約3.14という数字を導きだしたといわれている。

【多角形から円周率をもとめる】

❶直径1の円の内側に接する正六角形は、1辺の長さが円の半径（0.5）の正三角形6つに分けられる。つまり、円の内側の正六角形の周の長さは、0.5×6＝3となる。

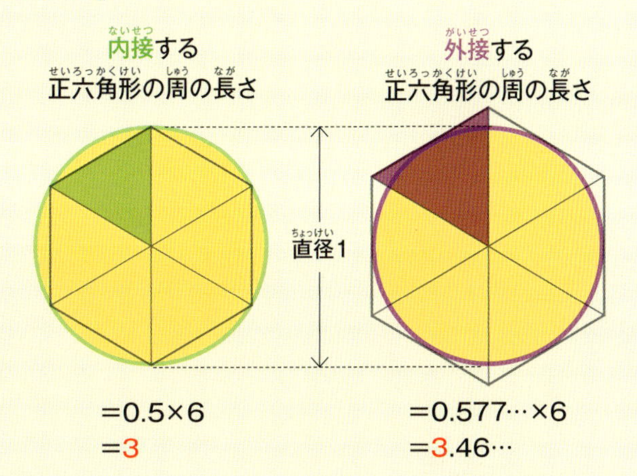

❷直径１の円の外側に接する正六角形は、1辺の長さが約0.577…（ピタゴラスの定理でもとめる）となる。つまり、円の外側の六角形の周の長さは、0.577×6＝3.46…となる。

❸❶❷から、円周は3より大きく、3.46…より小さくなることがわかる。

3＜円周＜3.46…

↓

アルキメデスが正九十六角形まで計算したところ、

円の内側の周＝3.140845…

円の外側の周＝3.142857…

となり、円周率は約3.14であることがわかった。

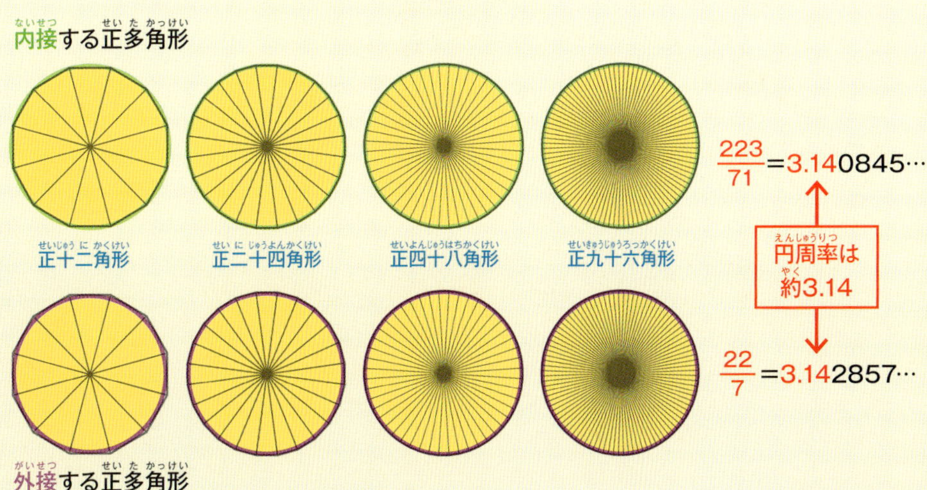

3. 外径と内径

パイプの直径には
「外径」と「内径」があります。
また、パイプの厚みを
「肉厚」といいます。

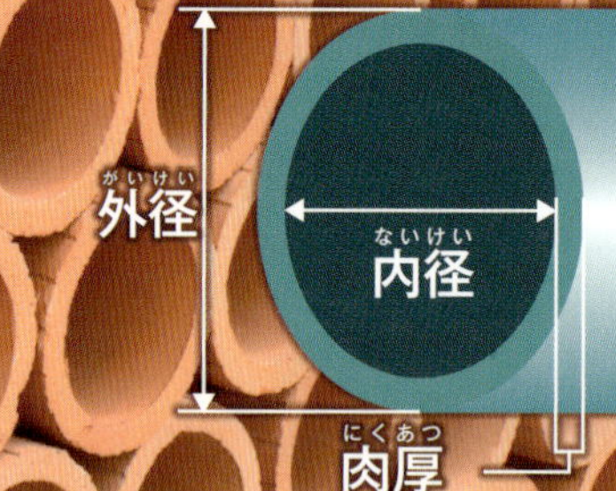

問題

Q 下のような2本のパイプがある。太いほうのパイプのなかに細いほうのパイプを入れることはできるだろうか?

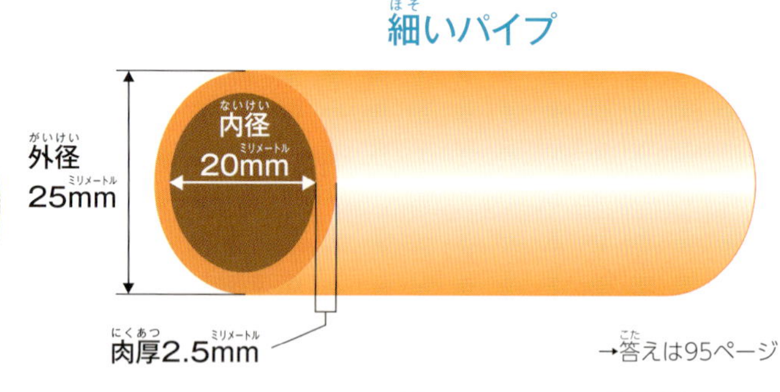

→答えは95ページ

太いパイプの内径、細いパイプの外径の面積を考えると……

三角形や四角形の寸法は木の箱にあいた穴の寸法(内径)より少し小さくなっている

円の面積のもとめ方をイメージする

●円の面積をもとめる公式は、半径×半径×約3.14（π）。このことは、円を等分してできたおうぎ形をならびかえてみるとイメージしやすい。下の図は、円をどんどん細かく等分していくことをしめしている。

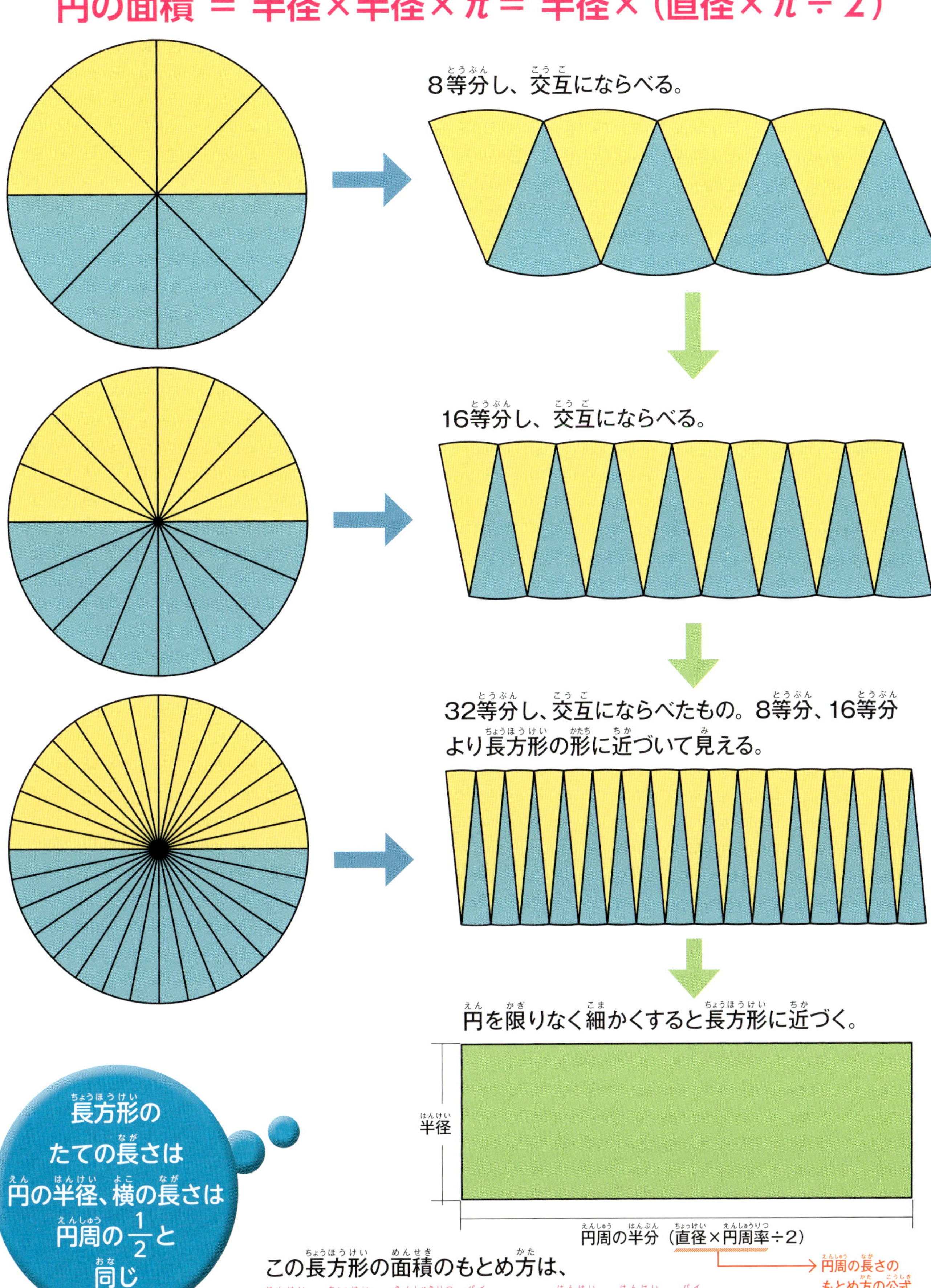

この長方形の面積のもとめ方は、
半径×直径×円周率（π）÷2＝半径×半径×π となる。

4. いびつな形の大きさ調べ

写真のような大人の手の面積をできるだけ正確にもとめるためには、方眼紙に手の形をうつしとる（輪郭をかたどる）ことからはじめ、かたどった手のなかに1cm²のマス目がいくつ入っているか数えます。

1cm四方の方眼紙

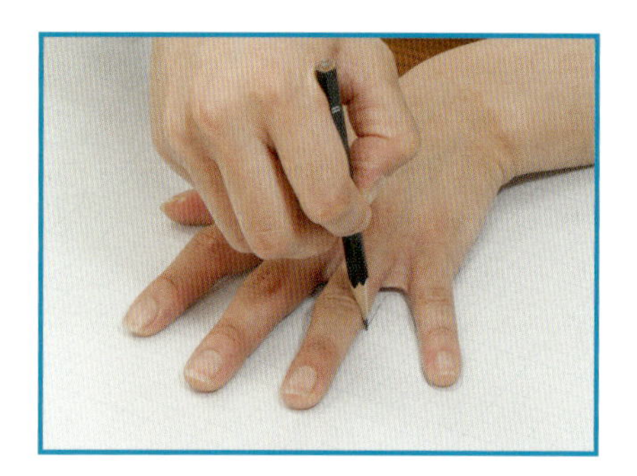

❶方眼紙の上に手を置いて、えんぴつで手の形にそってなぞる。

❷かたどった手のなかに、完全にふくまれている1cm²のマス目の数を数える。少しはみでたりへこんでいたりしているものも1つに数える。数えたマス目に色をぬる（右写真赤色）。

❸❷で色のついていない部分に1辺が0.5cmのマス目（0.25cm²）がいくつあるか数える。少しはみでたりへこんでいたりしているものも1つに数える。数えたマス目に❷と別の色をぬる（右写真青色）。

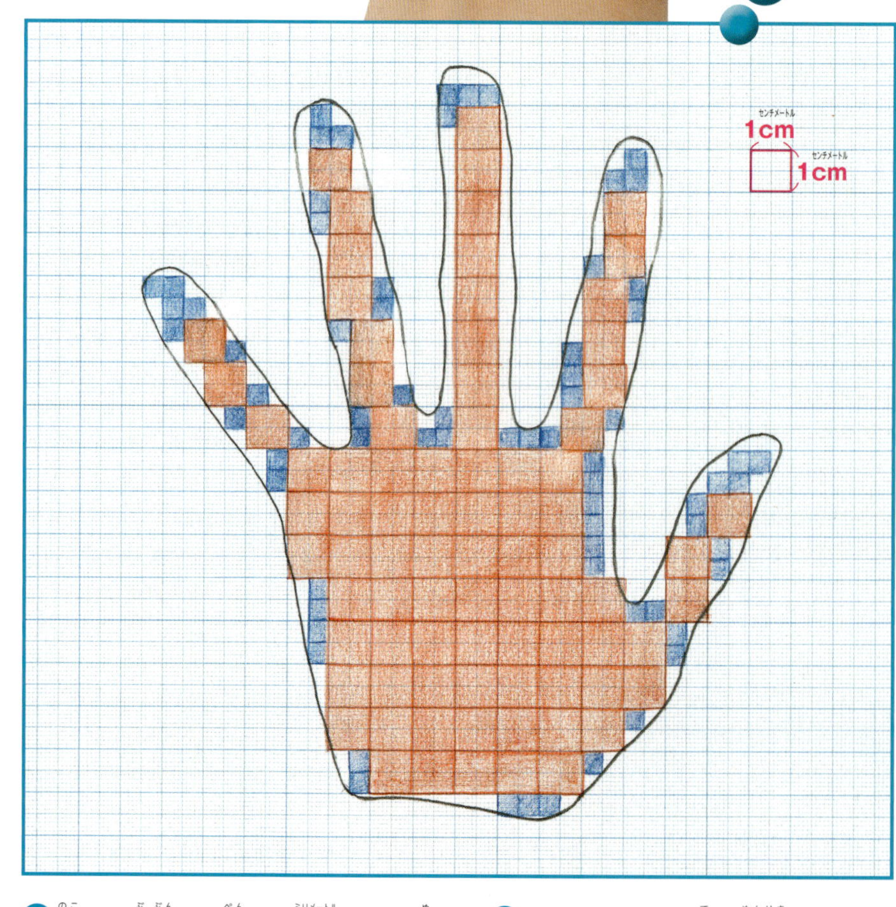

❹残った部分に1辺が1mmのマス目（0.01cm²）がいくつあるか数える。

❺❷+❸+❹で、手の面積がわかる。

つくってみよう!

地図上の面積のはかり方

縮尺が100万分の1の地図をつかって、地図上の面積をもとめるやり方を見てみよう。「縮尺が100万分の1」というのは、「地図上ではかった長さを100万倍すると、実際の長さになるように縮小されている」という意味だ。

じゅんびするもの
- 縮尺100万分の1の地図
- トレーシングペーパー
- えんぴつ(濃さB以上)
- 方眼紙
- ボールペン

❶えんぴつで地図にのっている、面積をはかりたい部分の輪郭を、トレーシングペーパーにうつしとる。

❷輪郭をうつしとったトレーシングペーパーを方眼紙にのせて、輪郭にそって、ボールペンで強くなぞる。

❸❷でなぞったときに方眼紙についたボールペンのあとを、えんぴつでもう一度なぞりなおす。左ページのやり方で、1cm²のマス目、0.25cm²のマス目の数を数える。

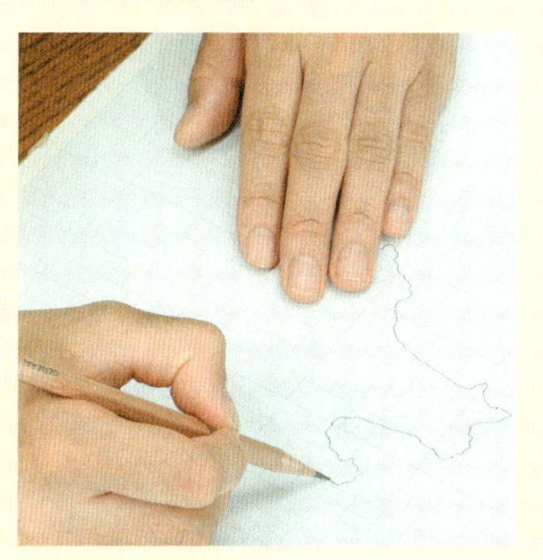

❹地図上の**1cm**は、**1×100万=100万cm=10000m=10km**。**0.5cm**は、**0.5×100万=50万cm=5000m=5km**であるので、地図上で**1cm²**のマス1つの実際の面積は**10×10=100km²**となる。また、地図上で**0.25cm²**のマス1つは**5×5=25km²**となる。青森県の場合、1cm²のマスが79個、0.25cm²のマスが70個あるので、**100(km²)×79+25(km²)×70=9650km²**という計算になる(実際の青森県の面積は9645.40km²)。

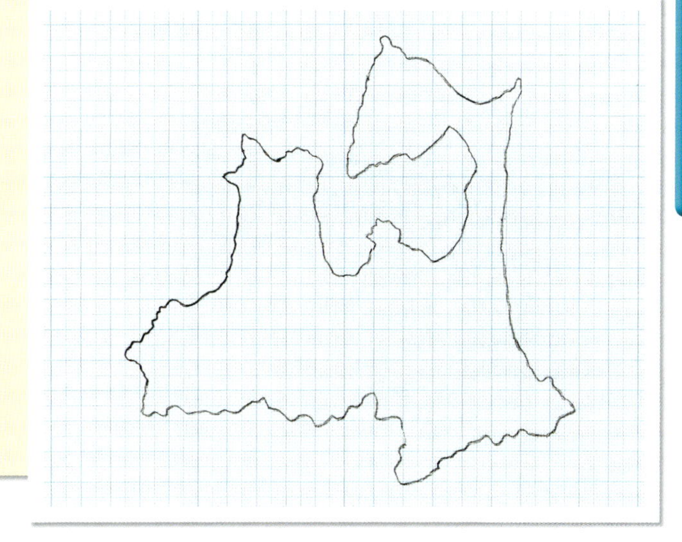

もっと知りたい

土地の面積を調べる国土地理院

上のようにして自分でもとめた面積が正しいかどうかを知るには、国土地理院が発行している「全国都道府県市区町村別面積調」が役に立つ。なお、国土地理院がおこなう面積のもとめ方も、基本は上に記した方法と同じ。ちがうところは、国土地理院では、輪郭をとるのも計算するのもすべてコンピュータをつかって精密におこなっているということだ。

©麒麟坊

PART3 長さ・量と測定

5. ボールの表面積

円の面積は、
半径×半径×π(→p59)で
もとめられますが、
球の表面積は、
同じ半径の円の
面積の４倍になります。
このことは下を見ると
容易に想像できます。

野球ボールを
平面の展開図にした
イメージ

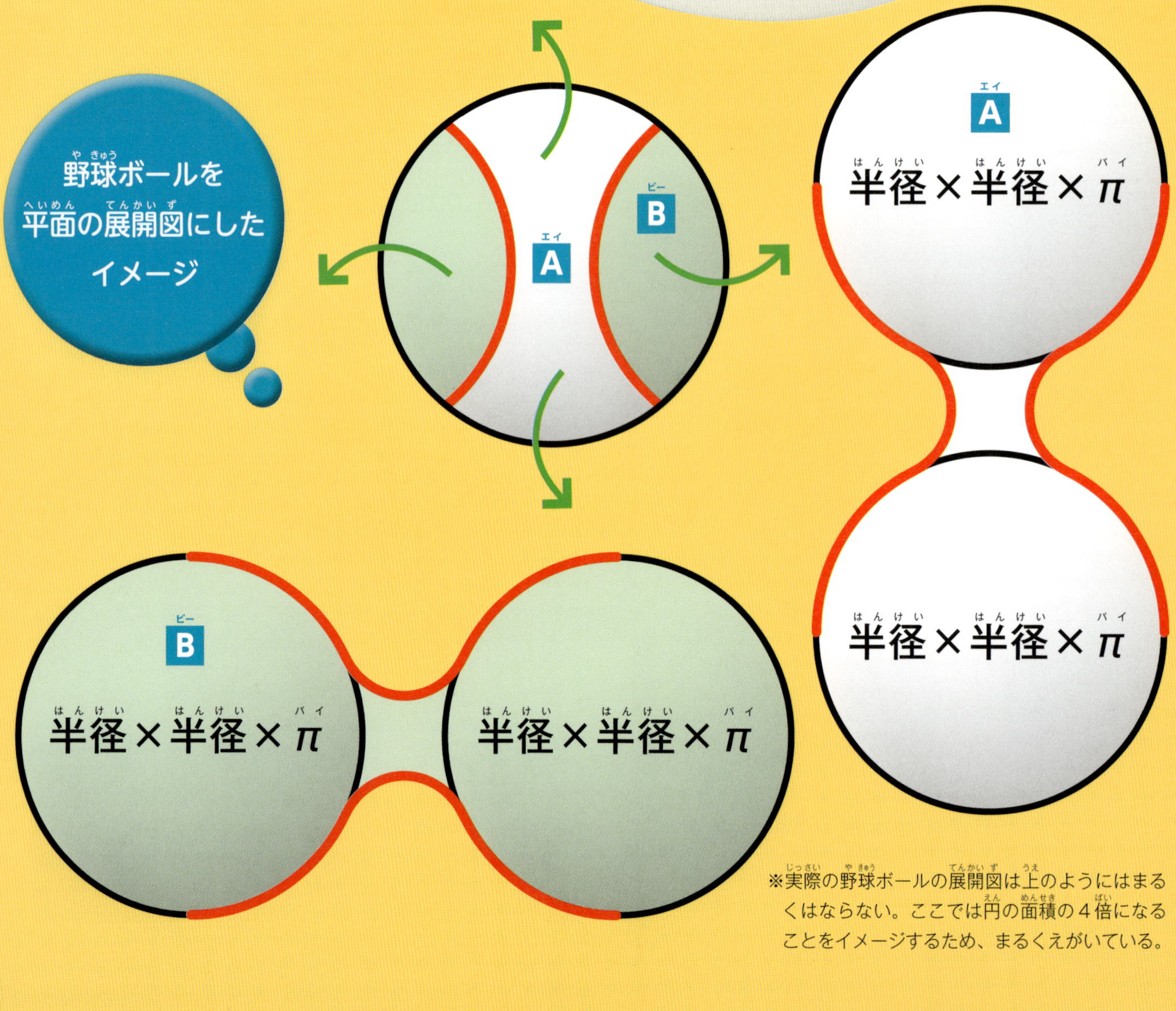

A
B

A
半径×半径×π
半径×半径×π

B
半径×半径×π
半径×半径×π

※実際の野球ボールの展開図は上のようにはまるくはならない。ここでは円の面積の４倍になることをイメージするため、まるくえがいている。

立体の表面積のもとめ方

●立体の表面積は、それぞれの面の面積の合計となる。円すいは展開図(→p26) を見るとわかる通り、底辺の円の面積と側面の面積の合計となる。

立方体と直方体

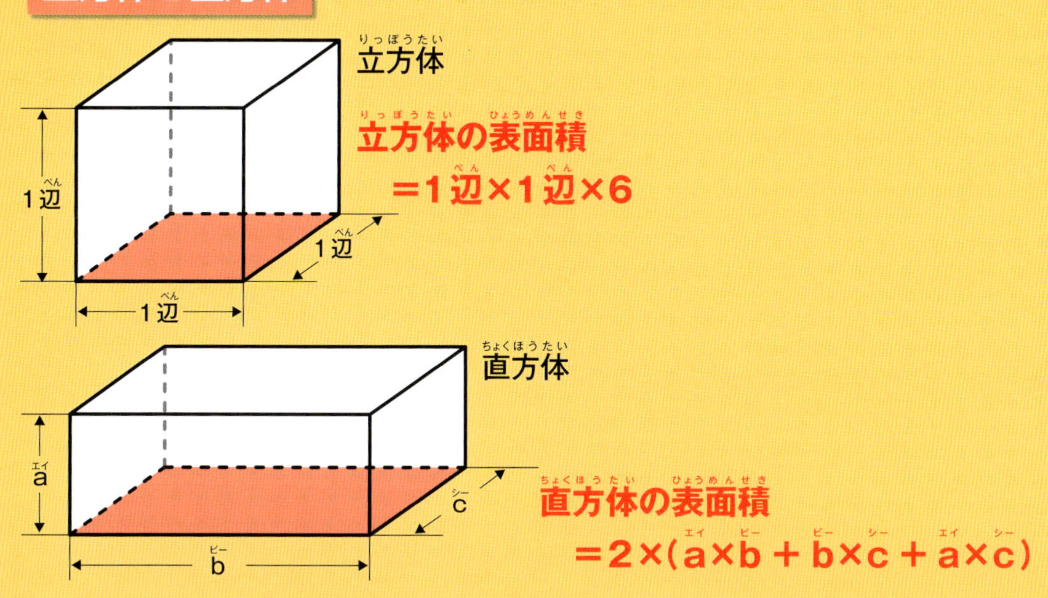

角柱と円柱

角柱・円柱の表面積=底面積×2+側面積

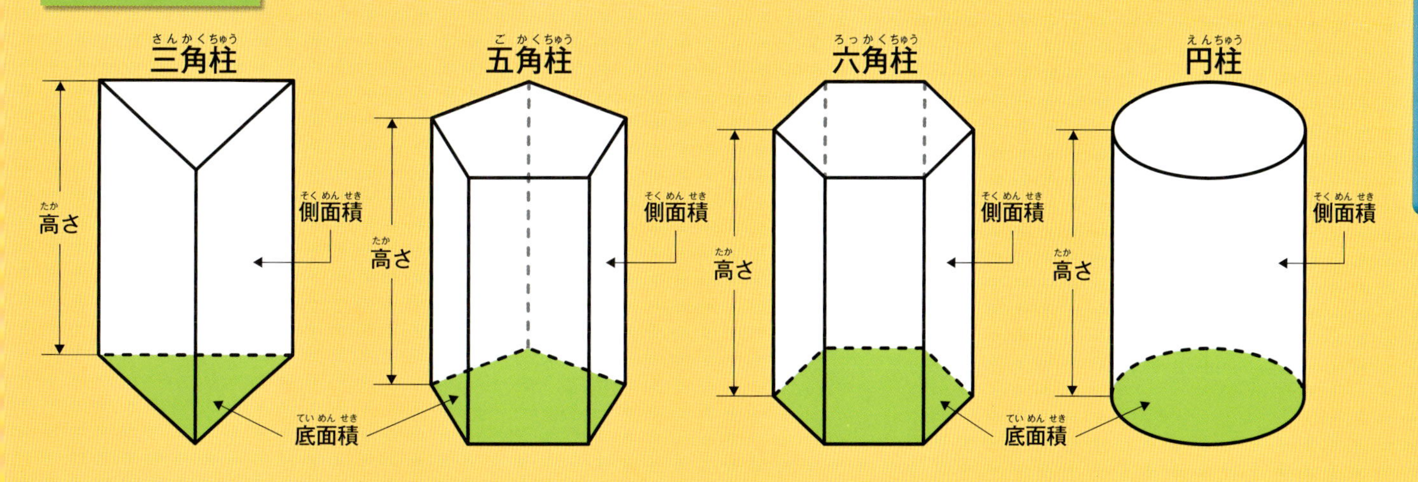

角すいと円すい

角すいと円すいの表面積=底面積+側面積

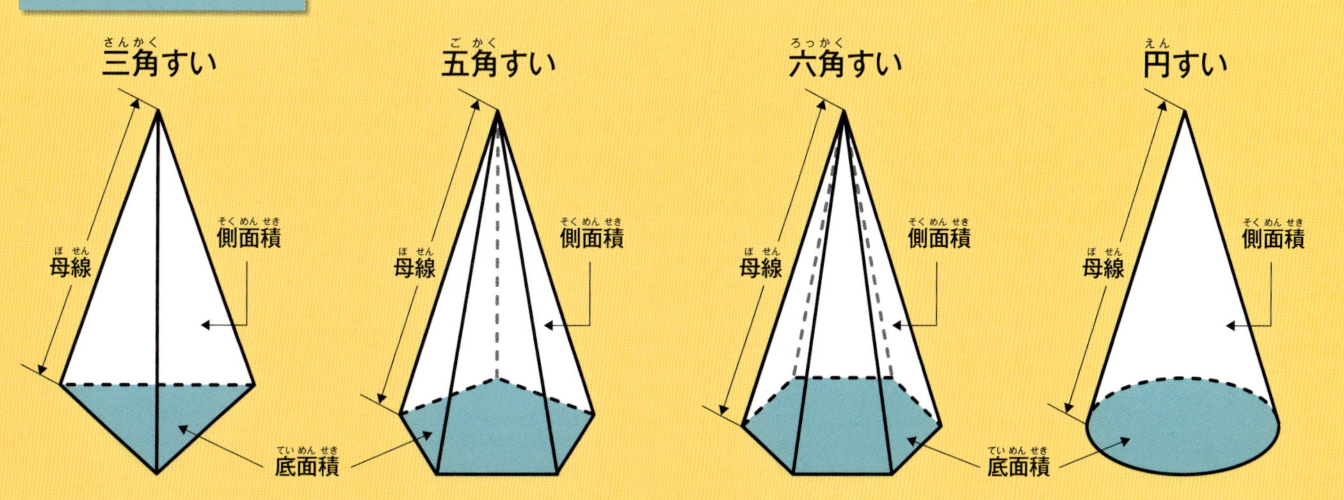

6.リンゴとバナナどっちが大きい?

形が不規則なくだものの体積をはかる方法は?

写真のくだもののなかでは、メロンやパイナップルが大きく見え、一番小さいのがミカンやレモンに見えます。では、リンゴとバナナでは? 重さをくらべるのなら、はかりではかってみればわかります。でも大きさは?

●「水とくらべる」とは、リンゴとバナナのそれぞれの体積を水に置きかえて、その水の量をくらべるという意味。それには、下のようなやり方がある。

❶大きなボウルに小さなボウルを入れる。

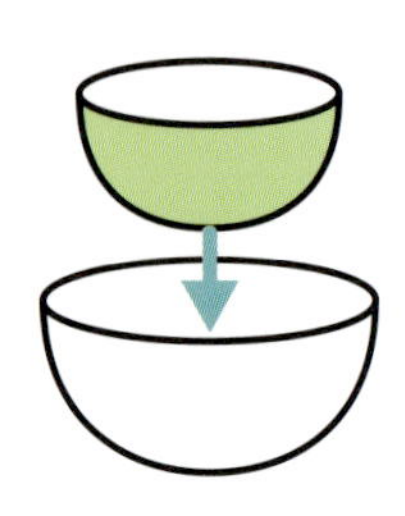

❷小さいほうのボウルに水をいっぱいに入れてから、そっとリンゴをしずめる。リンゴ全体が水面ぎりぎりまで水にしずむように指でおさえる。

❸リンゴをとりだし、大きなボウルにこぼれた水の量を記録する。これがリンゴの体積になる。バナナも同じようにして体積をはかれば、どちらの体積が大きいかわかる。

自分の体積をはかってみよう

●自分の体の体積をはかるには、左ページのやり方でボウルのかわりにおふろをつかう。こぼれた水を受けてはかるのはむずかしいので、次のようにするとよい。

❶おふろに水をいっぱいになるまで入れる。

❷ゆっくりおふろに入る（できるなら、頭まで入れてみる）。

❸おふろからそっと出て、ペットボトルなど、どのくらい入るかわかる容器をつかって、こぼれた水の分だけ、水をたしていく。1Lは1000cm³であることから、体積がわかる。

※この実験は、家の人の許可をもらっておこなうこと。無理して頭まで水に入れないように。

もっと知りたい

北極の氷がすべてとけたら？

地球温暖化が進み、地球の温度があがっていくと地球の氷がとけてしまう。南極には地球上の氷の80％以上があり、その厚さは最大で4500m、平均値は2450mと推測されている。また、グリーンランドには、高い山の山頂などに水が万年氷となって存在している。海に浮かぶ分厚い氷のかたまりである北極もある。万一、それら地球上の氷が全部とけてしまったら、海面の水位は、70m上昇するという試算が出されている。そうなると、東京タワーの5分の1ほどが水にしずみ、東京は高層ビル以外水没してしまうといわれている。

地球温暖化で体積が小さくなりつつある南極の氷。

7.ピッチャーの投げるボールの速さ

プロ野球のピッチャーの投げるボールの速さと高速道路を走る自動車とではどちらが速いでしょうか。実際にくらべてみることはむずかしいので、測定器をつかって数字にあらわして比較します。

プロ野球のピッチャーの投げるボールは、高速道路を走る自動車よりも速い

プロ野球のピッチャーの投げるボール 時速150km ＞ 高速道路の自動車 時速100km

スピードガン

提供：ミズノ株式会社

最大風速50mの風と新幹線はどっちが速い？

●台風の風の速さは、ふつう秒速○○mとあらわす。これは1秒間に○○m進むことができる速さで、秒速50mは時速になおすと、50m×60秒×60分＝180000m/h＝180km/hに相当する。新幹線の速さは350km/hなので、新幹線は、台風がつくりだす風の速さより速いことになる。

東北新幹線の「はやぶさ」は、宇都宮駅－盛岡駅間で、最高速度320km/hでの営業運転をおこなっている。

Q 問題

速いのはどっち?

1 小学５年生男子50m走（全国平均） VS 女子マラソンの世界記録の平均速度

2 小学５年生女子50m走（全国平均） VS 男子平泳ぎ50m世界記録

3 プロ野球のピッチャーの投げるボール VS バドミントンのスマッシュ

4 卓球のスマッシュ VS ハンドボールのシュート

5 高速道路の法定最高速度 VS チーターの走る速さ

6 スピードスケートの選手（500m走） VS ウサイン・ボルト（100m走）

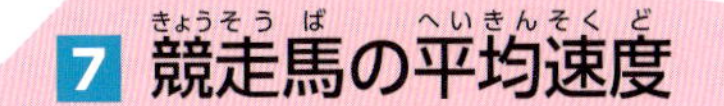

7 競走馬の平均速度 VS 女子ソフトボール日本代表ピッチャーの投げるボール

© Inge Schepers ¦ Dreamstime.com

8 スキージャンプ（踏切時） VS 自転車のロードレースの平均速度

9 ボブスレー4人乗り（最速時） VS オートバイのロードレース（最速時）

10 ジャンボジェットの巡航速度 VS スペースシャトル（地球をまわっているとき）

→答えは95ページ

8. 衝突する！ しない？

自動車の停止距離（ブレーキをかけた瞬間から停止するまでの距離）は、スピードが速いほど、長くなります。そのため、高速で走っている場合、車間距離（前を走る自動車との距離）をじゅうぶんにとらなければなりません。

乾いた舗装道路における乗用車の停止距離の目安

●自動車のブレーキを踏んでから車が停止するまでの停止距離は表のようになる。表からは時速40kmの場合は22m、時速60kmでは44mとなることがわかる。この停止距離が安全な車間距離の基準といわれている。

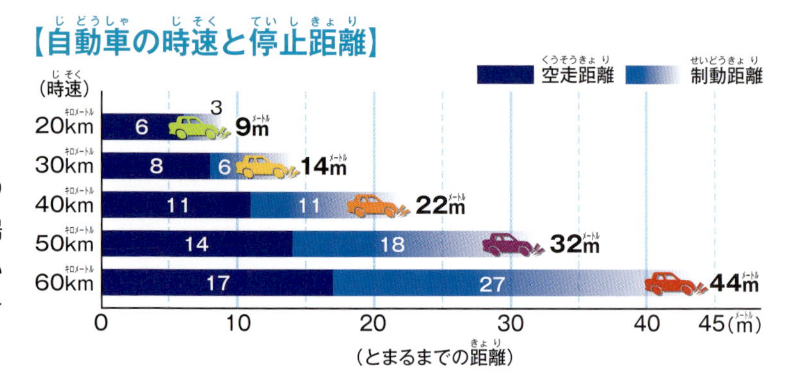

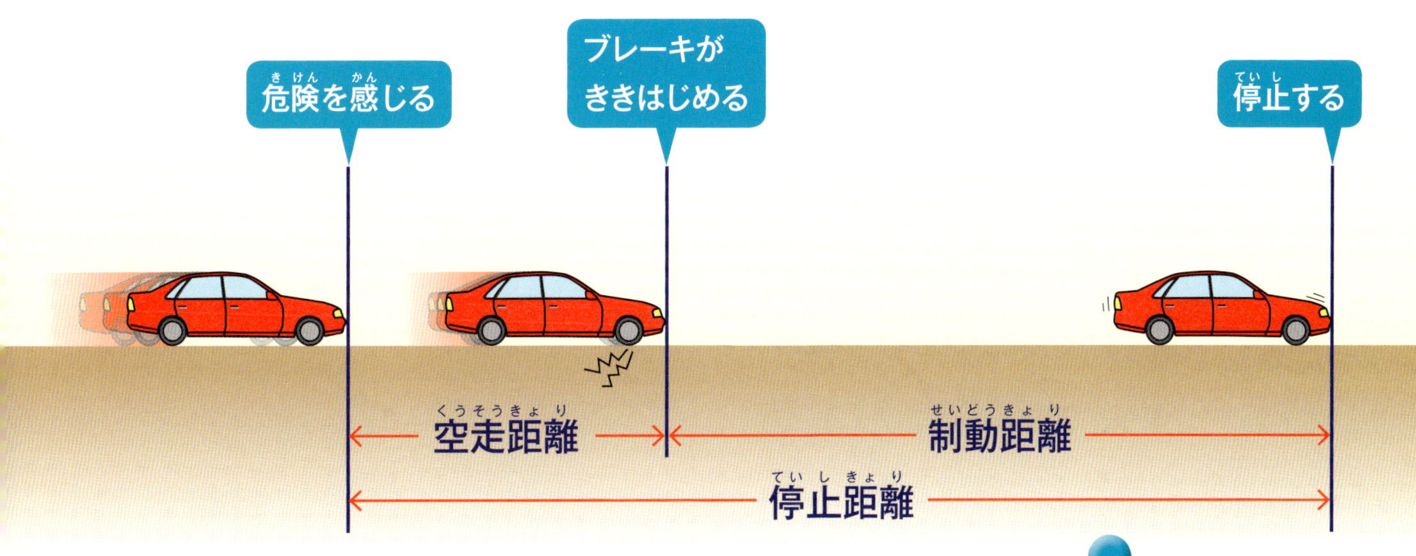

空走距離は速度に比例、制動距離は速度×速度に比例してのびる

空走距離と制動距離、停止距離の関係

●停止距離は空走距離と制動距離を合計したもの。空走距離とは運転者が危険を感じてブレーキをかけ、ブレーキがききはじめるまでに自動車が進む距離。制動距離はブレーキがききはじめてから自動車がとまるまでの距離。

左ページのグラフを見ると、空走距離は、速度が時速10km/h速くなるごとに約3mずつのびている。一方、制動距離は速度の2乗に比例してのびている（例：速度が2倍になると約4倍、3倍になると約9倍になる）。

もっと知りたい

最先端技術で縮まる停止距離

前を走る自動車と衝突しそうになったとき、ドライバーがブレーキを踏むとブレーキ力を強力に補助するシステムが、近年開発された。このシステムでは、万が一ドライバーがブレーキを踏まなくても、自分の前の車との相対的な速度差が50km/hの場合、衝突回避または被害を軽減することができる。

前方に人やものなどを感知した際に警告音を発し、さらに進むと自動で減速するシステムの実験。
提供：富士重工業株式会社

PART3 長さ・量と測定

9.ボールの速さと放物線

投げたボールは、ゆるやかなカーブをえがいて落ちて、地面でバウンドしてななめ上にはねあがり、ふたたび落下。このボールがえがくカーブを「放物線」といいます。英語では、放物線をパラボラといいます。

人工衛星が地球をまわる原理

●ボールを地面に水平に投げると、ボールは放物線をえがいて地面に落ちる。そのスピードがどんどん速くなれば、より遠くへ飛んでいき、しだいにボールの飛ぶコースは、地球のカーブに近づいていく。最後はついに地面のカーブと平行になって地球をまわることになる。これが人工衛星の飛ぶ原理だ。ボールが人工衛星になる速度は、秒速7.9km、時速にすると約２万8000kmとなる（実際には、ボールがこのように飛ぶことはありえない）。

パラボラアンテナのふしぎ

●写真は、まちでよく見かける、BS放送を受信するためのパラボラアンテナ。パラボラアンテナを真上に向け、そこへ図のようにボールを落とした場合、はねあがったボールは、どこに落としても同じ点を通る。

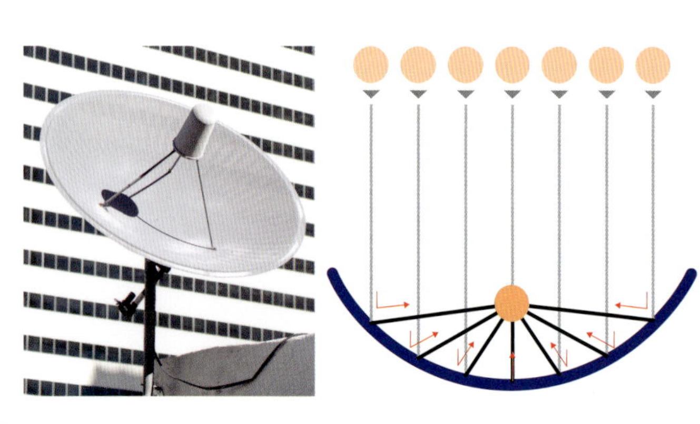

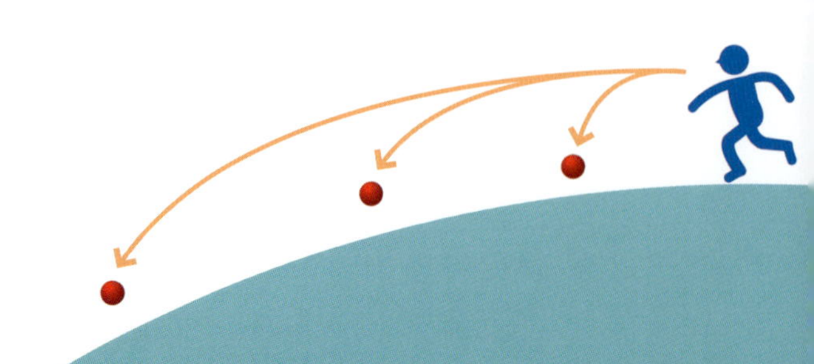

まちなかの放物線

●まちで見かけるカーブには、放物線がたくさん見られる。写真からわかるように、放物線は、見る人に心地よい印象をあたえるといわれている。

PART3 長さ・量と測定

10. 地球の大きさの測定

地球の大きさをはじめて測定した人は、紀元前3世紀ごろにエジプトで活躍した古代ギリシャの学者（地理学、天文学、数学）エラトステネスだといわれています。

人類初の地球の大きさの測定法

エラトステネスの測定法

●エラトステネスは、ナイル川にそって南北にある2つの都市、アレクサンドリアとシエネ（現在のアスワン）との距離を実測し、両都市の緯度の差から、地球の円周を約4万5000kmと計算したといわれている。彼のもとめた数字は、現在わかっている約4万kmにかなり近いものだった。

エラトステネス（紀元前275年－紀元前194年ごろ）の肖像。

【エラトステネスの考えた地球の大きさの測定方法】
（下のBをはかることからはじめる）

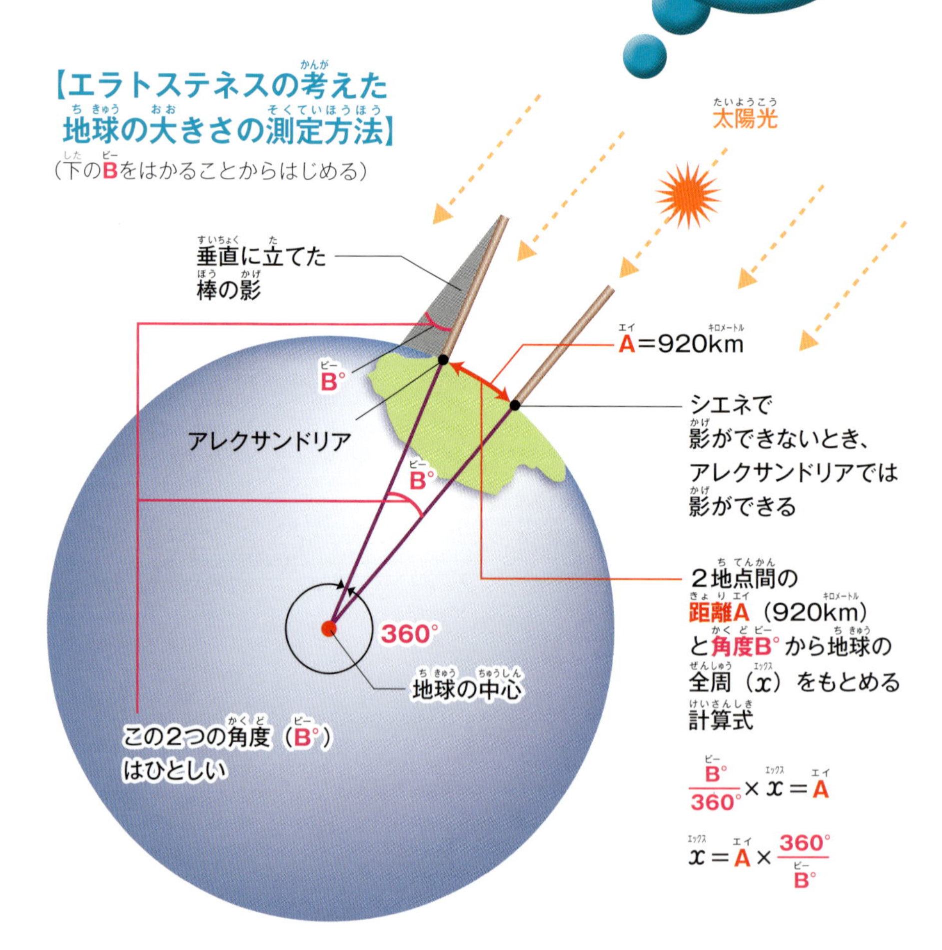

$$\frac{B^\circ}{360^\circ} \times x = A$$

$$x = A \times \frac{360^\circ}{B^\circ}$$

もっと知りたい

1m=地球の1周の長さの4000万分の1

地球の大きさがわかると、それを元にして、いろいろな単位や基準がつくられた。たとえば「1m」という長さは、地球の1周の長さの4000万分の1として決まった。その1000倍が1kmで、100分の1が1cmだ。

つくってみよう!

見上げ角ばかり

左ページの図にしめす棒のてっぺんを見上げる際の角度（見上げ角）をはかるための「見上げ角ばかり」をつくってみよう。

じゅんびするもの

- 厚紙
- 分度器
- 定規
- えんぴつ
- たこ糸
- 5円玉
- ようじ

24cm　1.5cm　12cm　1.5cm　15cm　1.5cm　A　90°　85°　80°　75°　70°　65°　60°　55°　50°　45°　40°　35°　30°　25°　20°　15°　10°　0°

❶たて15cm、横24cmの長方形の厚紙に、右の図のように分度器をつかって、0°から90°までの目もりをかく。目もりは0°から10°までは、1°ずつ、10°以上は、5°ずつ。

❷長さ約15cmの糸に5円玉をつるす。もう一方のはしには、折ったようじをむすびつける。

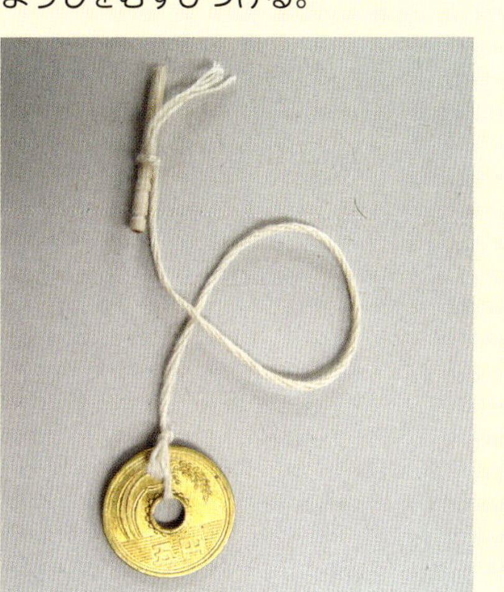

❸Aのところに穴をあけて、❷のようじをさしこんで、できあがり！

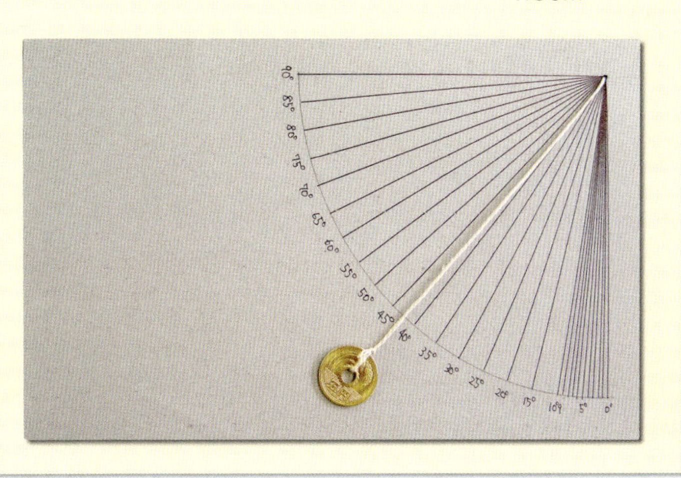

もっと知りたい

見上げ角ばかりをつかって木の高さをはかるには？

❶手にもった見上げ角ばかりの位置から地面までの高さ（**H**）をはかる。

❷**AB**をのばした線が、木のてっぺんとあうように見上げ角ばかりを向ける。

❸たこ糸がさしている目もり（x）を読む。

❹自分の立っているところから木までの距離（y）を巻き尺などではかる。

❺紙にyの100分の1の長さを底辺として、見上げ角（x）をつかった直角三角形をかく。

❻**Z**の長さを定規ではかる。

❼**Z**の長さを100倍にして**H**（見上げ角ばかりの高さ）をたすと、地面からの木の高さがわかる。

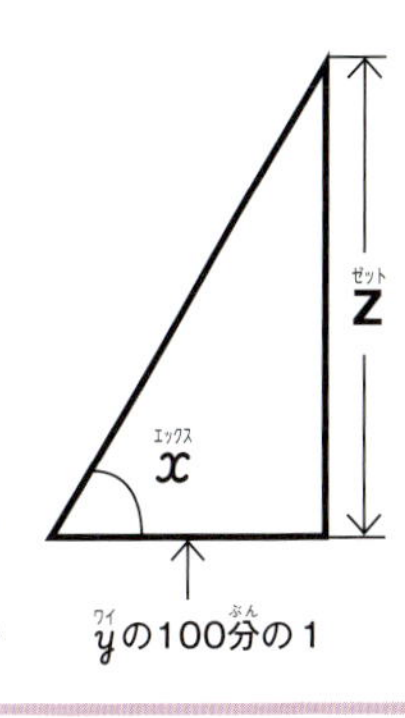

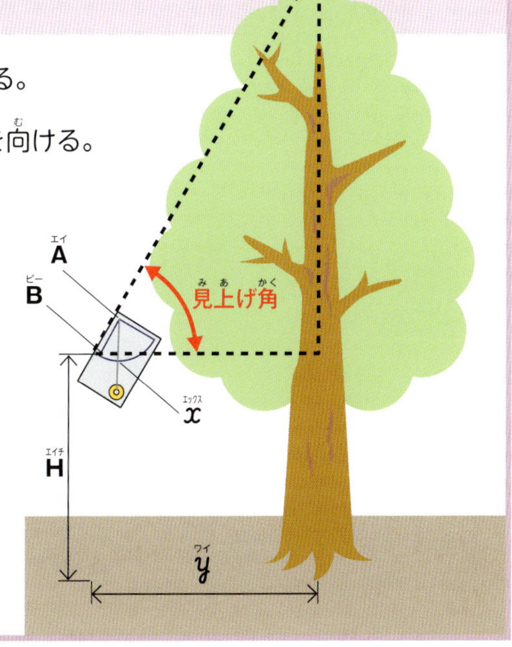

PART3 長さ・量と測定

11.日時計

「日時計」は太陽によって生じるものの影の長さや位置の変化により、時刻を知る装置。紀元前3000年ごろから古代エジプトでつかわれていましたが、その起源はさらに古いと考えられています。

神奈川県の江ノ島に置かれている日時計。

世界各地でつかわれてきた日時計

ウクライナのセヴァストーポリにある日時計。

もっと知りたい

1日の長さ

1年とは、ある日に太陽がのぼった場所を記録しておき（山のどのあたりとか、ここから見えるあの岩の位置など）、次に同じ場所から太陽がのぼるまでの時間のことであると決められた。そのあいだに365回、昼と夜が繰りかえされるので、1年の365分の1を「1日」、1日を24等分した長さを「1時間」、それを60等分して「1分」、さらに60等分して「1秒」というように決まった。

つくってみよう!

紙日時計をつくってつかおう!

日時計は紙に角度をしるすことでつくることができるよ。

じゅんびするもの
- 厚紙
- カッター
- 定規
- ボールペン
- 分度器
- のり

❶厚紙から、たて23cm、横27cmの長方形を切りだし、下から3.5cmのところに線をひく。

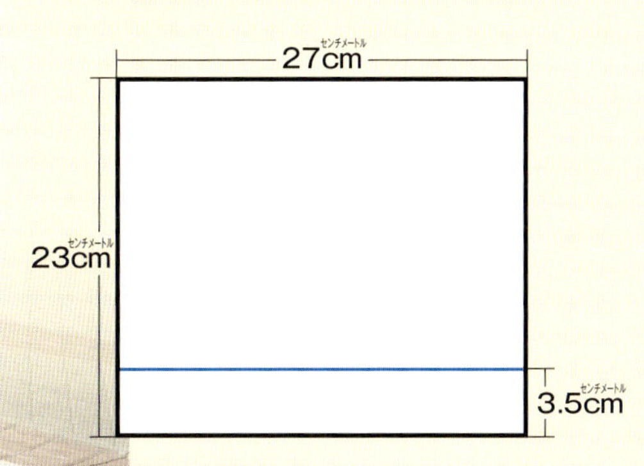

❷❶でひいた線の中点(真ん中)を通り、その線に垂直な線をひき、上に「北」、下に「南」とかく。

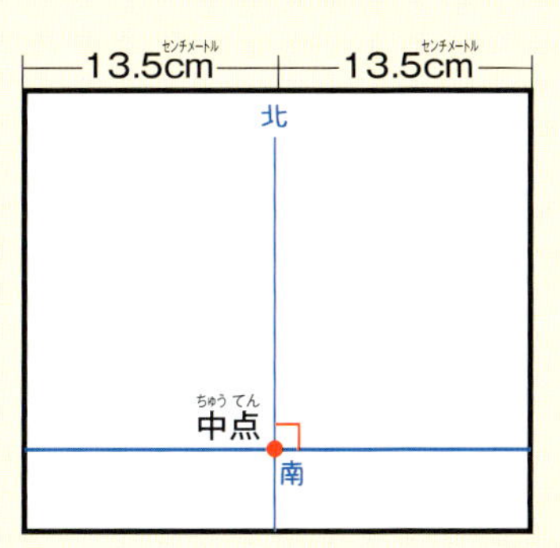

❸下の表を見ながら分度器をつかってできるだけ正確に7:00から30分ごとに角度の線をひく。

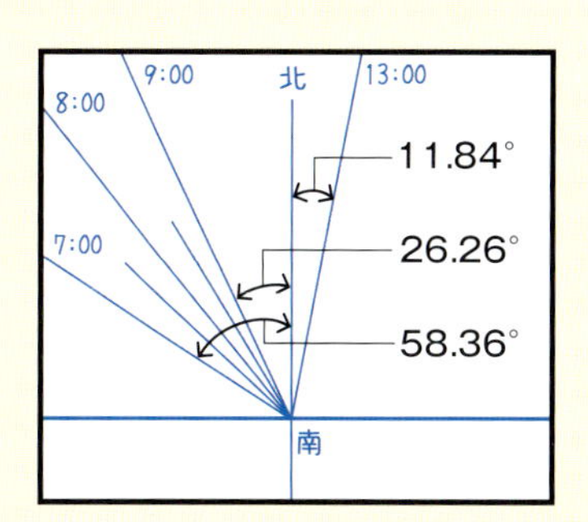

時刻と南北線との角度【東京(緯度:北緯36°、経度:東経140°)の場合】

左へ(度)	58.36	48.53	40.03	32.69	26.26	20.55	15.37	10.56	6.01	1.59	
時刻(時)	7:00	7:30	8:00	8:30	9:00	9:30	10:00	10:30	11:00	11:30	
	12:00	12:30	13:00	13:30	14:00	14:30	15:00	15:30	16:00	16:30	17:00
右へ(度)	2.79	7.23	11.84	16.73	22.04	27.93	34.58	42.22	51.07	61.27	72.81

❹下の図のような直角三角形を厚紙でつくる。

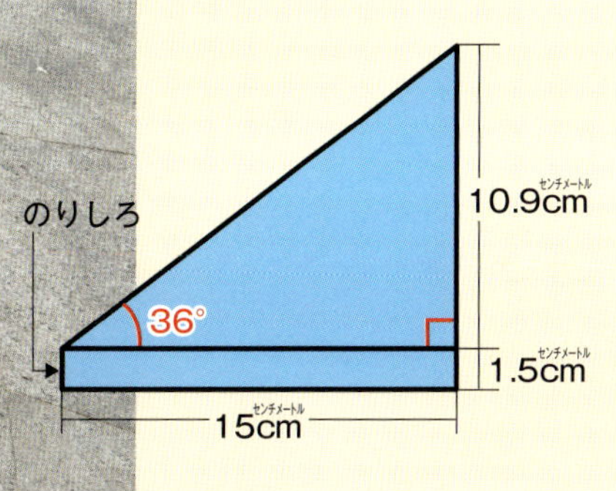

❺のりしろの部分を4等分して切れ目を入れ、下の図のようにのりしろを交互に折ってから開く。

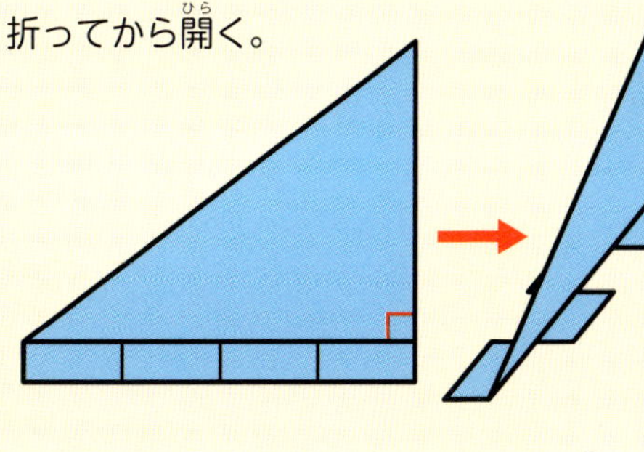

❻目もり板の南北線にそって南の端から18.5cm分、切りこみを入れる。

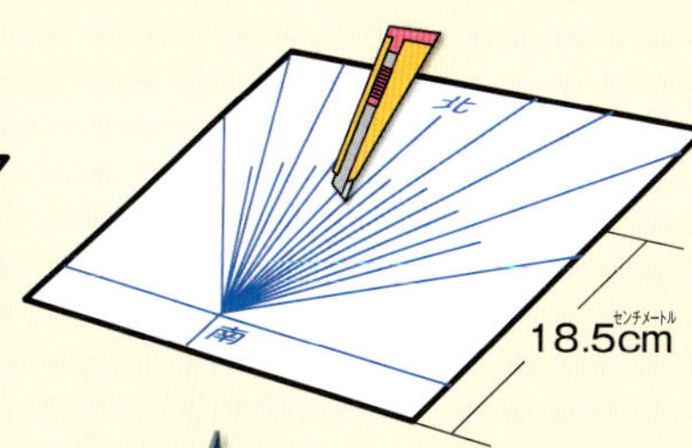

❼三角板を目もり板の切りこみにさしこんで、うら側でのりしろにのりをつけて目もり板にはりつけて完成。

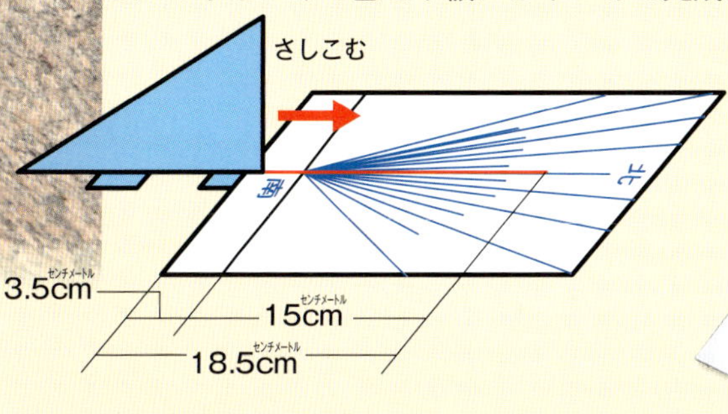

❽できあがった日時計の南北と実際の南北を合わせて、日の当たるところに置く。三角板の影が落ちたところの線を見れば、そのときの時刻がわかる。

ものしりコラム

腕時計で南の方角を知る方法

腕時計と太陽によって、おおよその時刻を知ることができます。

日の出の方角は東で、日の入りの方角は西（正確に見ると日本では、1年のあいだの日の出・日の入りの方角は緯度が北にいくほどずれていく）。短い針を太陽の方角に向ければ、12時と短い針がつくる角のちょうどまんなかが南になる。朝6時ころが日の出なら、6時をさしている短針を太陽のある東に向けると、12時が西でそのまんなかの9時が、南になるというわけだ。また、夕方6時には太陽のある西に短針を向けると、3時が南になる。正午は、そのまま、太陽のある方角が南となる。

PART4（パート）

数（かず）と比（ひ）のうつくしさ

→P80
→P82
→P84
→P86
→P88
→P90
→P92

1.黄金比のふしぎ

1：2や2：3などのように、2つの数量をくらべたときの割合を比といいます。この比が1：約1.618のとき、人は、もっとも美しく感じるといわれています。それが「黄金比」です。

もっともきれいな長方形

古代ギリシャ・ローマ時代の建造物のなかでももっとも有名なパルテノン神殿には黄金比が見られる。高さ1に対し、横幅が約1.618になっている。

実は、黄金比の長方形を、高さを1辺とする正方形（左側Ⓐ）ができるように2つに分けた場合、右側にたて長の長方形（右側Ⓑ）ができる（「黄金長方形」とよぶ）。Ⓑを同じように正方形で切りとると、正方形の上側に、横長の長方形ができる。さらに正方形を切りとっていくと、右の図のようになる。このふしぎな、たて・横の比こそが黄金比だ。

黄金比のパルテノン神殿。

オウムガイの螺旋

右のように、縦と横が黄金比の長方形から正方形をとっていき、右の図のように正方形の1辺の長さを半径にした円の4分の1の円周をかいていくと、きれいな螺旋があらわれる。じつは、自然にあるオウムガイが、この形をしているのだ。

オウムガイの断面図。

© Andybignellphoto ¦ Dreamstime.com

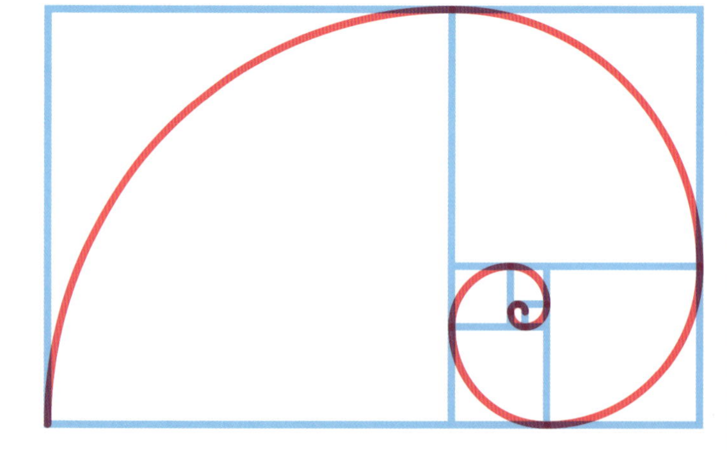

つくってみよう！ 黄金長方形の作図法

黄金長方形をつくる方法は次の通り。

❶正方形ABCDを作図する。
❷辺BCの中点Mをとる。
❸Mを中心とした、半径MDの円をかく。
❹辺BCをCのほうに延長し、❸でかいた円との交点をPとする。
❺Pを通り、辺BCに垂直な直線をかく。
❻❺でかいた直線と、辺ADの延長線との交点をQとする。長方形ABPQが、黄金長方形である。

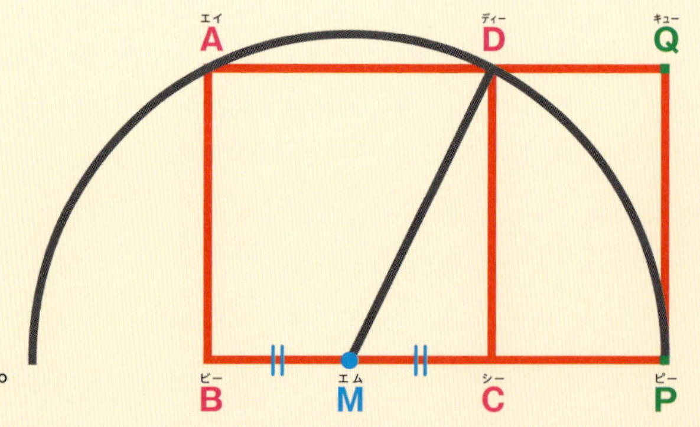

ミロのヴィーナス

1820年にギリシャのミロス島で発掘されたミロのヴィーナスは、足下からへそまでと、へそから頭頂までの比が黄金比になっている。

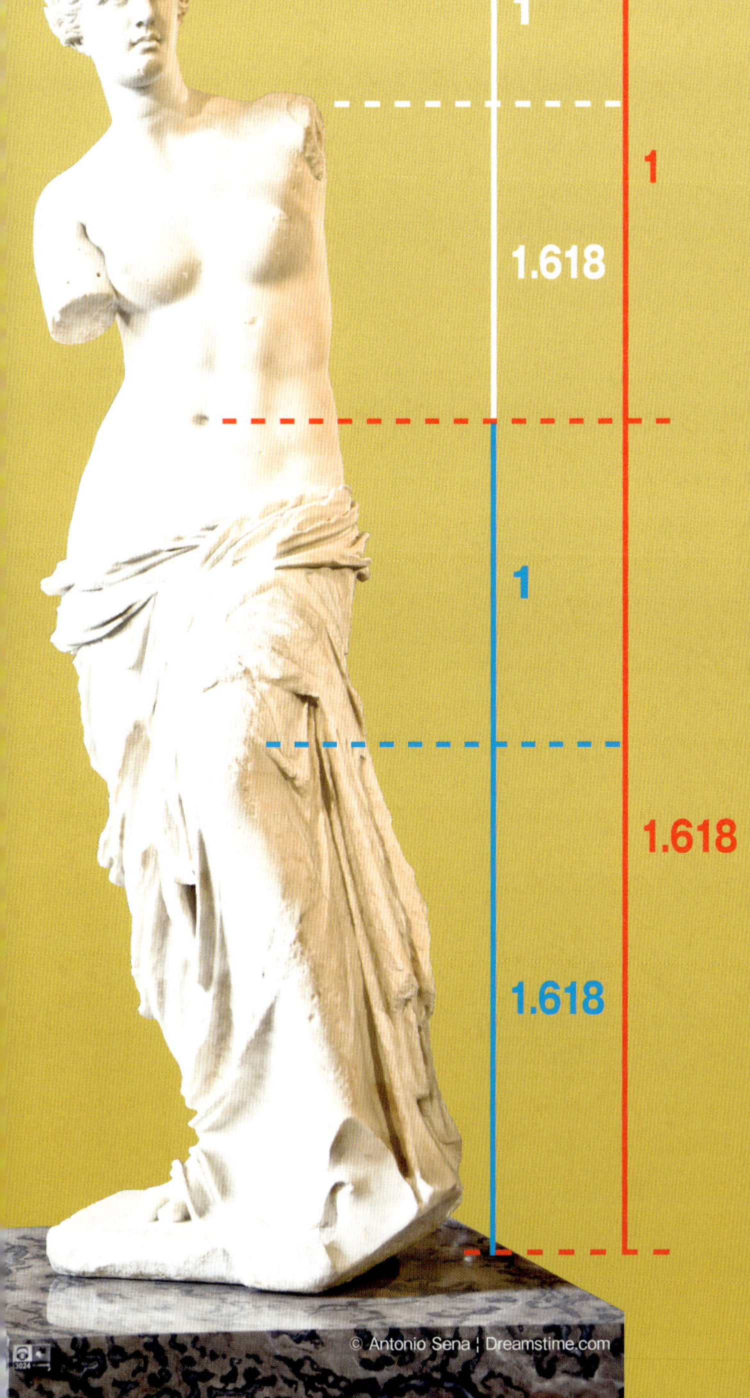

パリの凱旋門

たてと横の比率が黄金比。

台風の雲の螺旋

台風の雲は、宇宙から見るときれいな螺旋の形をしている。

クフ王のピラミッド

クフ王のピラミッドはもともとは高さが146m（現在は、137m）で、底辺は230m。元の高さと底辺の比は約 1：1.6で、これも黄金比といわれている。

『レカミエ夫人』

ジャック＝ルイ・ダヴィッドの『レカミエ夫人』の女性は、黄金比の長方形におさまるようにえがかれているため、安定して美しく見えるといわれている。

さまざまな製品

スマートフォン

パスポート

デジタルカメラ

2.白銀比とは？

「白銀比」とは、1:約1.414（1:√2*）としてあらわされる比です。1辺が1cmの正方形の対角線の長さが、√2cm＝約1.414cmです。

＊2乗した際に2になる数字のこと。ルート2とよぶ。

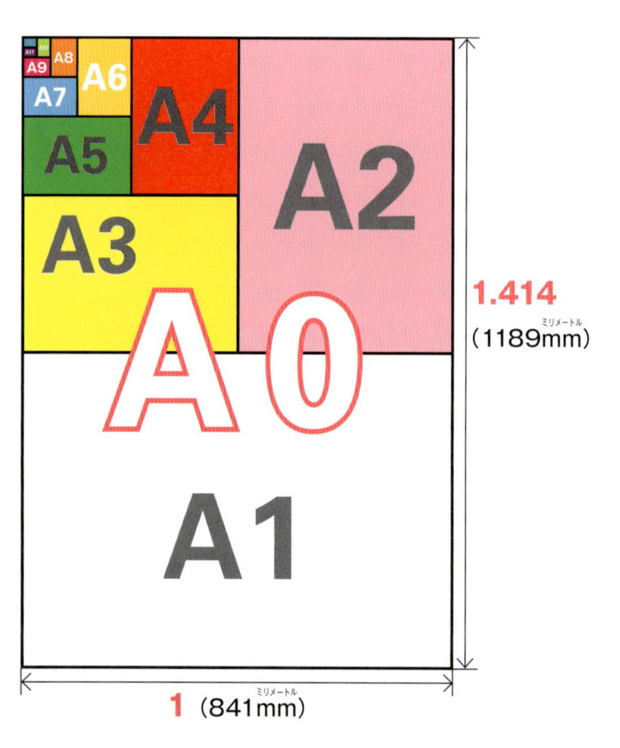

日本人は黄金比より白銀比！

日本の伝統文化に見られる白銀比

●1:約1.414（√2）であらわされる比率は「大和比」ともいわれ、「日本人の美意識をあらわす比」と考えられてきた。

法隆寺の五重塔をはじめ多くの歴史的な建築物に見られ、畳の長いほうと短いほうの辺の比率も、白銀比になっている。また、浮世絵の菱川師宣作『見返り美人図』や水墨画の雪舟作『秋冬山水図』の構図にも白銀比が見られる。

菱川師宣作『見返り美人図』

江戸の浮世絵師・菱川師宣がえがいた『見返り美人図』では、帯から頭頂までと帯から足下までの比が白銀比に近くなっている。

もっと知りたい

テレビの大きさ

「○○インチのテレビ」のインチ（記号in）は、画面の対角線の長さのこと。このため、高さや幅がどのくらいかはわからない。また、テレビのたてと横の比率は、4：3（標準的な従来のアナログテレビ放送）のものと、16：9のワイド画面とがある。

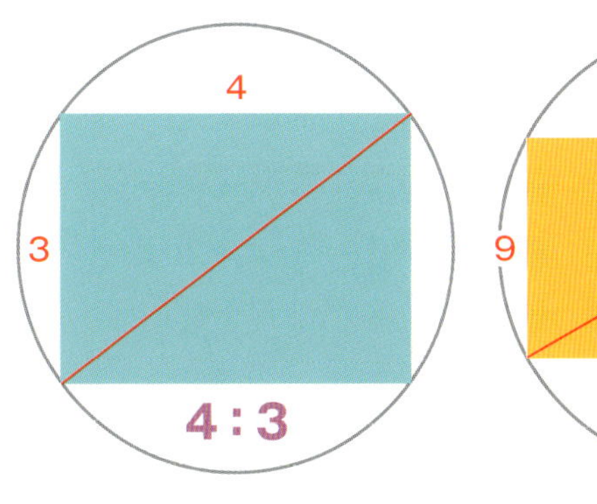

【画面寸法】

画面サイズ(対角線)		4：3		16：9	
in	cm	高さ	幅	高さ	幅
19	48.3	29.0	38.6	23.7	42.1
20	50.8	30.5	40.6	24.9	44.3
22	55.9	33.5	44.7	27.4	48.7
26	66.0	39.6	52.8	32.4	57.6
28	71.1	42.7	56.9	34.9	62.0
30	76.2	45.7	61.0	37.4	66.4
32	81.3	48.8	65.0	39.9	70.8
37	94.0	56.4	75.2	46.1	81.9
42	106.7	64.0	85.3	52.3	93.0
46	116.8	70.1	93.5	57.3	101.8
50	127.0	76.2	101.6	62.3	110.7
55	139.7	83.8	111.8	68.5	121.8
57	144.8	86.9	115.8	71.0	126.2
60	152.4	91.4	121.9	74.7	132.8
65	165.1	99.1	132.1	80.9	143.9

※上記の各長さは「フレーム」や「縁」をのぞいた計算上の数値。

雪舟作『秋冬山水図』

絵の全体的な構図で白銀比が見られる。

法隆寺五重塔

最下部の屋根の長さと、最上部の長さの比が白銀比になっている。

3. コピー用紙の大きさ

コピー用紙は短い辺が1に対し、長い辺は約1.414（√2）の「白銀比」となっています。日本でつかわれているコピー用紙はA判とB判の2種類です。

A0の面積は1 m^2

●「A0」という紙の面積は、1 m^2。それを長辺で半分にしたものが「A1」で、A1を半分にしたものが「A2」と、数字が大きくなるほど、紙の大きさは小さくなっていく。たて・横の比率は白銀比 （→P82）となっている。

A0	841 × 1189 mm
A1	594 × 841 mm
A2	420 × 594 mm
A3	297 × 420 mm
A4	210 × 297 mm
A5	148 × 210 mm
A6	105 × 148 mm
A7	74 × 105 mm
A8	52 × 74 mm
A9	37 × 52 mm
A10	26 × 37 mm
A11	18 × 26 mm
A12	13 × 18 mm

A4

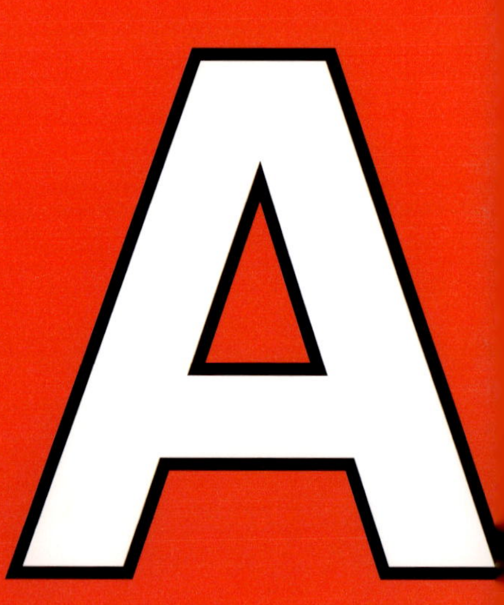

この本を開いたサイズがA3！

つくってみよう！

白銀長方形の作図法

白銀長方形（白銀比になっている長方形）をつくる方法は次の通り。

❶正方形ABCDを作図する。
❷Bを中心とした、半径BDの円をかく。
❸辺BCをCのほうに延長し、❸でかいた円との交点をPとする。
❹Pを通り、辺BCに垂直な直線をかく。
❺❹でえがいた直線と、辺ADの延長線との交点をQとする。
❻長方形ABPQが、白銀長方形である。

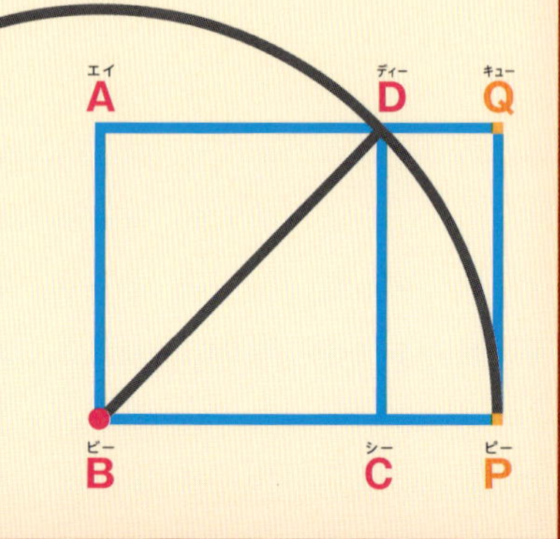

B判

●コピー用紙のB判は、日本の美濃紙をもとに、面積が1.5m²の長方形をB0とした、日本国内の規格。海外では台湾など一部の国以外、ほとんどつかわれていない。B判もA判と同じく、白銀比が見られる。

B0	1030 × 1456 mm
B1	728 × 1030 mm
B2	515 × 728 mm
B3	364 × 515 mm
B4	257 × 364 mm
B5	182 × 257 mm
B6	128 × 182 mm
B7	91 × 128 mm
B8	64 × 91 mm
B9	45 × 64 mm
B10	32 × 45 mm
B11	22 × 32 mm
B12	16 × 22 mm

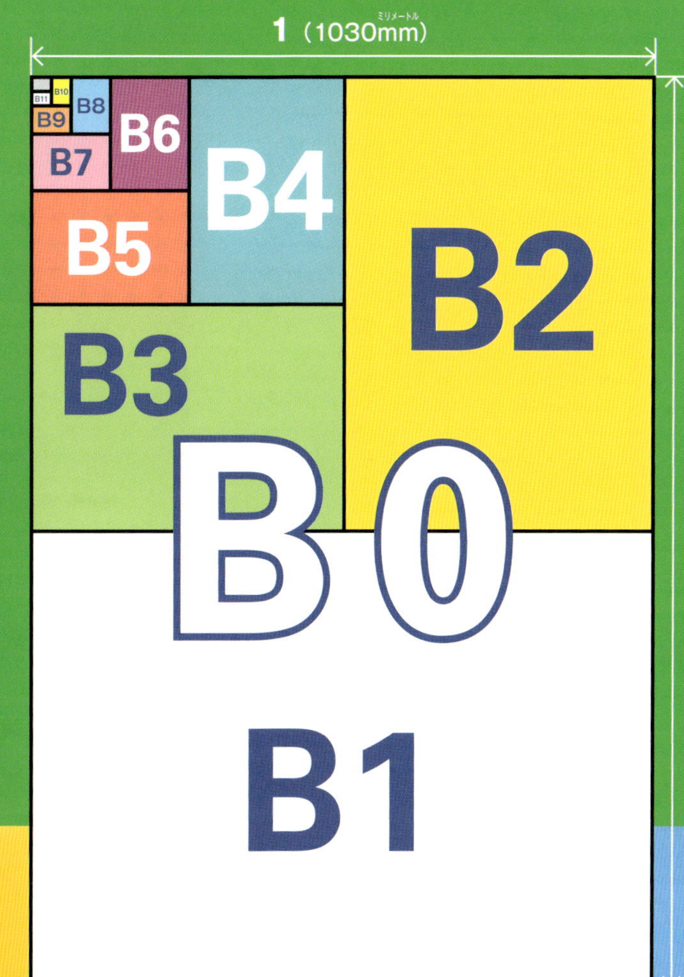

A5

3

A6

A7

A8

A9

A10

A11

A12

4.フィボナッチ数列

フィボナッチ数列の「フィボナッチ」は、12～13世紀のイタリアの数学者レオナルド・フィリオ・ボナッチに由来するといわれています。「数列」は、「ある一定の規則にしたがってならんだ数の列」のことです。

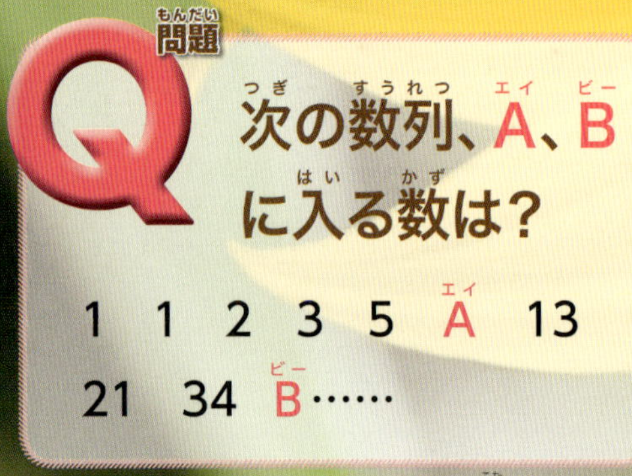

→答えは95ページ

ウサギの数は？

●「1対のウサギが、うまれて2か月めから1か月ごとに1対のウサギをうむ。どの対のウサギも死なないものとすれば、1年間に何対のウサギがうまれるか」

　この問題を図にしてみると、対の数は順に 1　1　2　3　5　8　13　21　34　55…… といった数列になり、1年後にはウサギは233対になる。実はこの数列のとなりあう2つの数について比率は1：1　2：1　3：2　5：3　8：5　13：8　21：13　34：21　55：34　という具合にしだいに黄金比(→P80) の1：1.618に近づいていく。

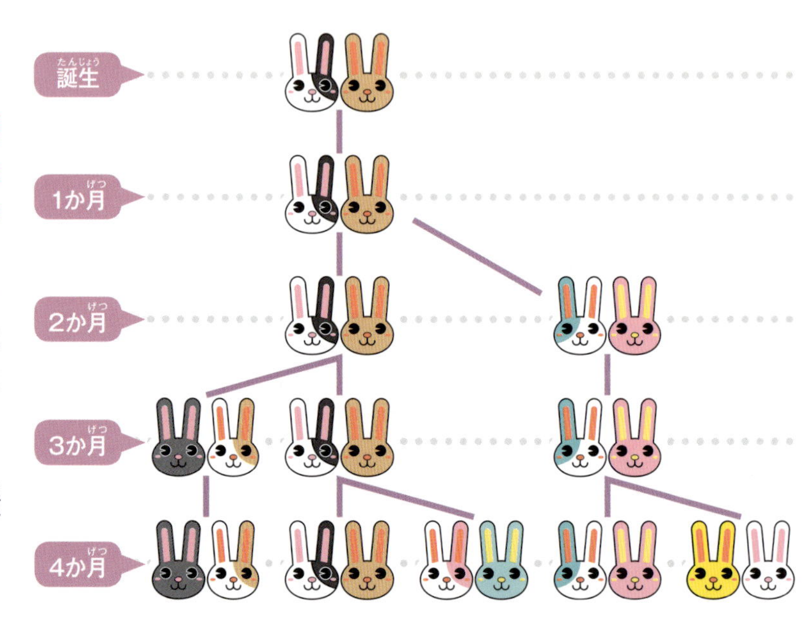

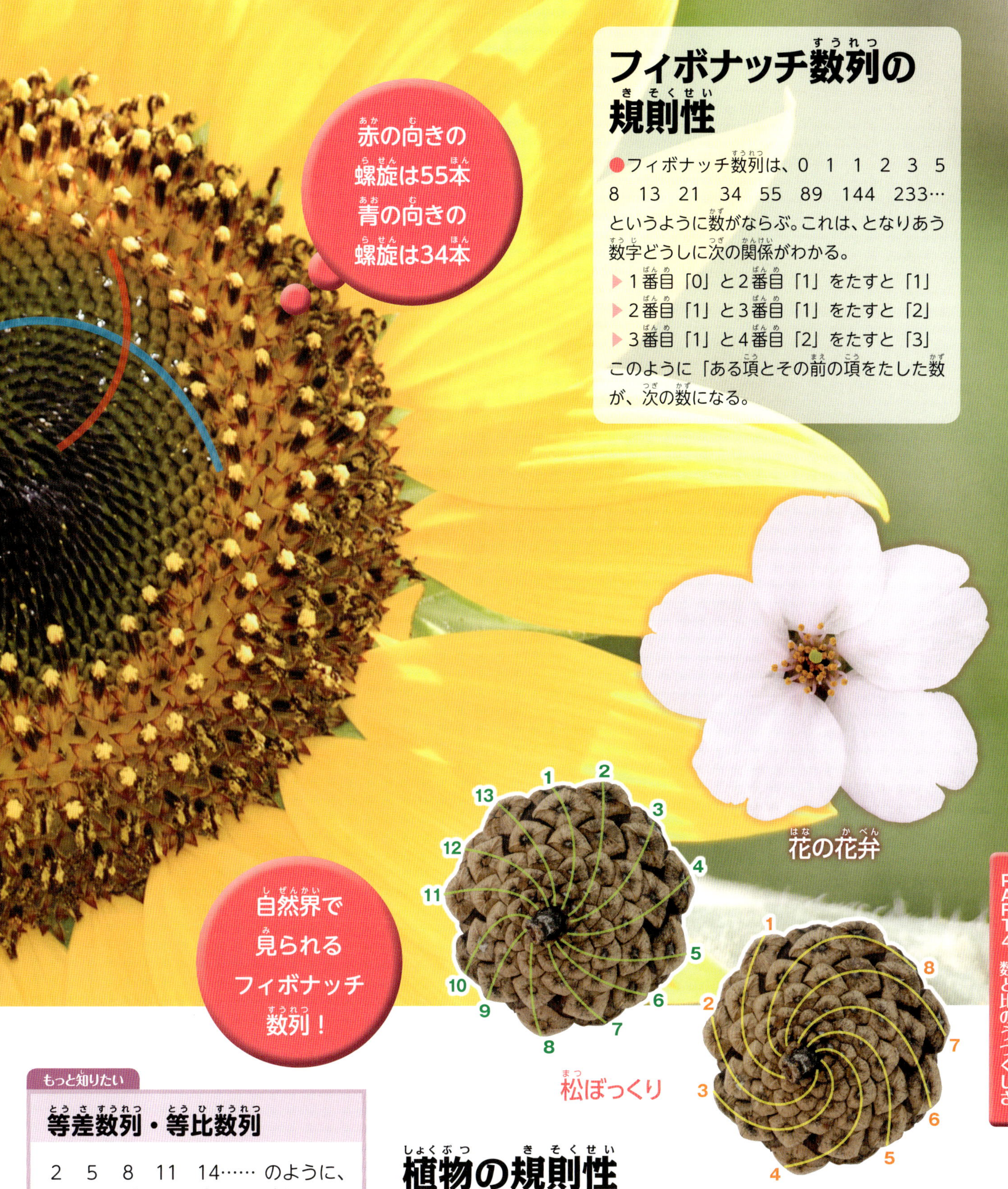

花の花弁

松ぼっくり

フィボナッチ数列の規則性

●フィボナッチ数列は、0　1　1　2　3　5　8　13　21　34　55　89　144　233…というように数がならぶ。これは、となりあう数字どうしに次の関係がわかる。

▶1番目「0」と2番目「1」をたすと「1」
▶2番目「1」と3番目「1」をたすと「2」
▶3番目「1」と4番目「2」をたすと「3」

このように「ある項とその前の項をたした数が、次の数になる。

もっと知りたい

等差数列・等比数列

2　5　8　11　14…… のように、はじめの数に同じ数（この場合は3）を次つぎとくわえていってできる数列を「等差数列」といい、2　4　8　16　32……のようにはじめの数に同じ数（この場合は2）を次つぎとかけていってできる数列は「等比数列」という。

植物の規則性

●フィボナッチ数列は自然界に多く見られる。

▶中央の写真：ひまわりの種は、21個、34個、55個、89個……のように、螺旋状にならんでいる。
▶花の花弁の枚数は、3枚、5枚、8枚、13枚のものが多い。
▶松ぼっくりを松の枝にくっついている側から見ると、松かさは螺旋状にならんでいて、右回りに数えると8個ずつ、左回りに数えると5個ずつになっていることがわかる。松かさの配置がフィボナッチ数列になっている。

5. 素数とは？

2、3、5、7、11、13……のように、1とその数以外には約数（わりきれる数）をもたない正の整数を素数といいます。ただし、1は素数とはしません。素数は無限にあることが、古代ギリシャ時代から知られています。

7個、5個、3個の組み合わせで配置された石*

京都府の龍安寺の石庭に散らばる石は、「七五三の石組み」とよばれている。これは、7、5、3個の群れを象徴している。

*龍安寺の石庭は、どこから見てもかならず1つは石がかくれることで有名。写真にもすべての石はうつっていない。

日本文化のなかの素数

●日本文化のなかには、素数が多く見られる。たとえば、俳句の「五七五」は、5と7、そして5と7と5をたした17も素数。短歌の「五七五七七」の31字も「三三七拍子」の13拍も素数だ。

提供：京都大学生活協同組合

素数ものさし

素数のめもりしかないものさし。京都大学が発明した。

1～100のあいだの素数

●その数が素数かどうか、1つひとつの数字に約数があるかどうかを調べる必要がある。下の表は、1～100までの数字の約数をまとめたものだ。

数字	1とその数以外の約数
1	なし
2	素数
3	素数
4	2
5	素数
6	2、3
7	素数
8	2、4
9	3
10	2、5
11	素数
12	2、3、4、6
13	素数
14	2、7
15	3、5
16	2、4、8
17	素数
18	2、3、6、9
19	素数
20	2、4、5、10
21	3、7
22	2、11
23	素数
24	2、3、4、6、8、12
25	5
26	2、13
27	3、9
28	2、4、7、14
29	素数
30	2、3、5、6、10、15
31	素数
32	2、4、8、16
33	3、11
34	2、17
35	5、7

数字	1とその数以外の約数
36	2、3、4、6、9、12、18
37	素数
38	2、19
39	3、13
40	2、4、5、8、10、20
41	素数
42	2、3、6、7、14、21
43	素数
44	2、4、11、22
45	3、5、9、15
46	2、23
47	素数
48	2、3、4、6、8、12、16、24
49	7
50	2、5、10、25
51	3、17
52	2、4、13、26
53	素数
54	2、3、6、9、18、27
55	5、11
56	2、4、7、8、14、28
57	3、19
58	2、29
59	素数
60	2、3、4、5、6、10、12、15、20、30
61	素数
62	2、31
63	3、7、9、21
64	2、4、8、16、32
65	5、13
66	2、3、6、11、22、33
67	素数
68	2、4、17、34
69	3、23

数字	1とその数以外の約数
70	2、5、7、10、14、35
71	素数
72	2、3、4、6、8、9、12、18、24、36
73	素数
74	2、37
75	3、5、15、25
76	2、4、19、38
77	7、11
78	2、3、6、13、26、39
79	素数
80	2、4、5、8、10、16、20、40
81	3、9、27
82	2、41
83	素数
84	2、3、4、7、12、21、28、42
85	5、17
86	2、43
87	3、29
88	2、4、8、11、22、44
89	素数
90	2、3、5、6、9、10、15、18、30、45
91	7、13
92	2、4、23、46
93	3、31
94	2、47
95	5、19
96	2、3、4、6、8、12、16、24、32、48
97	素数
98	2、7、14、49
99	3、9、11、33
100	2、4、5、10、20、25、50

6. 魔方陣って何だろう？

3×3、4×4など、たて・横同じ数のマス目において、たて・横・ななめのたし算をした合計が、すべて同じ数字になるものを魔方陣といいます。この写真は、たて・横・ななめをたした合計は、どこでもすべて34になっています。

問題

や、 に入る数字は？

7	2	11	14
	13	8	1
6	3	10	
9	16	5	4

→答えは95ページ

もっと知りたい

3×3の魔方陣の数字

8	1	6
3	5	7
4	9	2

1～9の数字をつかってできる、もっとも小さな魔方陣は、3×3の魔方陣だ。3×3の魔方陣は、各列の合計が15となる次の1種類しかない。この数字の組み合わせは、「憎し(294)と思えば、七五三(753)、六一坊主に蜂(618)がさす」といったゴロあわせがある。なお、4×4の魔方陣は880通り、5×5の魔方陣は275305224通り存在することがわかっている。

奇数マスの魔方陣のつくり方

❶たてと横のマスの数が奇数の枠をつくる。一番上の段のまんなかのマスに、1を入れる。

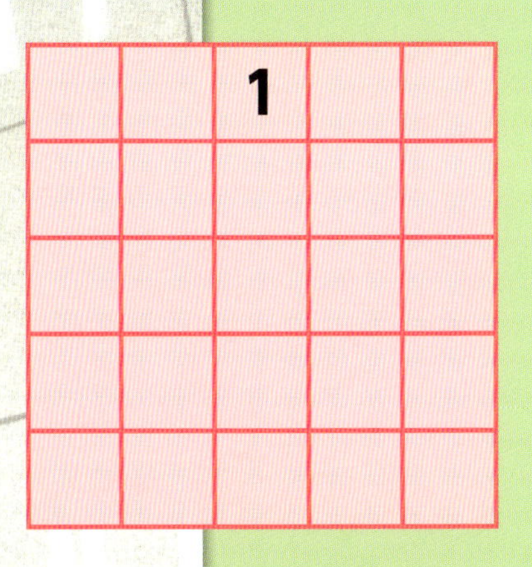

❷続けて、2、3、4、5… と数字を入れていく。そのとき、次の決まりにしたがう。

- 前に入れた数字の、右上のマスに次の数字を入れる。
- 外側の枠から上にはみだしてしまった場合は、その数字が入るはずの列の一番下のマスに数字を入れる。
- 外側の枠から右にはみだしてしまった場合は、その数字が入るはずの段の一番左のマスに数字を入れる。
- 外側の枠の右上にはみだして、たて、横、どちらの列もない場合、前の数字のすぐ下のマスに、次の数字を入れる。
- 前に入れた数字の右上のマスが、すでにほかの数字でうまっている場合は、前の数字のすぐ下のマスに、次の数字を入れる。

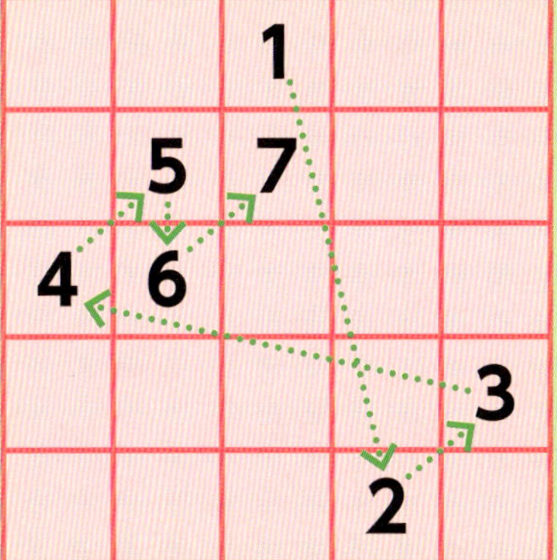

❸このようにすると、たて、横、ななめのどこをたしても数が同じになる。まさに魔法だ。この決まりを知っていれば、魔方陣をかんたんにつくれる。

17		1	8	15
23	5	7	14	16
4	6	13		22
10		19	21	3
11		25	2	

まちかどにある魔方陣

スペインのサグラダファミリアに設置されている、合計33になる魔方陣。

32	15	28	36	24	32	15	28	36	24	32	15	28	36	24	32	15	28	36	24	32	15	28	36	24
38	21	34	17	25	38	21	34	17	25	38	21	34	17	25	38	21	34	17	25	38	21	34	17	25
19	27	35	23	31	19	27	35	23	31	19	27	35	23	31	19	27	35	23	31	19	27	35	23	31
20	33	16	29	37	20	33	16	29	37	20	33	16	29	37	20	33	16	29	37	20	33	16	29	37
26	39	22	30	18	26	39	22	30	18	26	39	22	30	18	26	39	22	30	18	26	39	22	30	18
32	15	28	36	24	32	15	28	36	24						32	15	28	36	24	32	15	28	36	24
38	21	34	17	25	38	21	34	17	25						38	21	34	17	25	38	21	34	17	25
19	27	35	23	31	19	27	35	23	31						19	27	35	23	31	19	27	35	23	31
20	33	16	29	37	20	33	16	29	37						20	33	16	29	37	20	33	16	29	37
26	39	22	30	18	26	39	22	30	18						26	39	22	30	18	26	39	22	30	18
32	15	28	36	24	32	15	28	36	24	32	15	28	36	24	32	15	28	36	24	32	15	28	36	24
38	21	34	17	25	38	21	34	17	25	38	21	34	17	25	38	21	34	17	25	38	21	34	17	25
19	27	35	23	31	19	27	35	23	31	19	27	35	23	31	19	27	35	23	31	19	27	35	23	31
20	33	16	29	37	20	33	16	29	37	20	33	16	29	37	20	33	16	29	37	20	33	16	29	37
26	39	22	30	18	26	39	22	30	18	26	39	22	30	18	26	39	22	30	18	26	39	22	30	18

Center of Japan
北緯35度
日本の「へそ」
東経135度
日本標準時子午線

魔方陣?の数字 東経百三十五度 北緯三十五度
タテ、ヨコ、ナナメ、五マスごと どこから足しても百三十五の数字になります。
日本のへそ魔方陣です。

兵庫県西脇市の「日本のへそ公園」（日本の東西南北のほぼ中心にある）の魔方陣は、「東経135度」にちなんで、どの5マスを合計しても135になる。

提供：西脇市観光協会

7.目でみる2進法

ふつうの数字は、0から9の10個の数字であらわしますが、0と1だけで表現する方法があります。これを「2進法」といいます。0→1→10→11→100 のように、1の次は、桁が1つ増えた数字になります。

もしも数字が0と1しかなかったら

●0と1しか数字がなければ、1+1＝2とは表記ができない。3、4、5、6、7、8、9という数字もないため、1の次に大きい数字は10となる。次に大きな数字は、10+1＝11となる。11+1は、2という数字がないため、12とは表記できない。13、14…20…99という数字もないため、11+1＝100になる。

1円を2つ入れると10円になるふしぎな箱

●計算式で考えるとむずかしく感じてしまう2進法だが、「ふしぎな箱」をつかって、視覚からイメージしてみるとわかりやすい。

右の絵のように、1円玉を2つ入れると10円玉になるという「ふしぎな箱」をイメージする。

次に、この箱に10円玉を2つ入れると100円玉になり、100円玉を2つ入れると、1000円札に変わるとイメージする。

では、1円玉を1個と10円玉1個を入れるとどうなるだろう。1円玉も10円玉も、2枚そろわないと変化しないのだから、この場合は、そのまま11円が出てくることを理解する。同じく、1円玉1枚、10円玉1枚、100円玉1枚だと111円になるといった例など、さまざまな場合をイメージする。

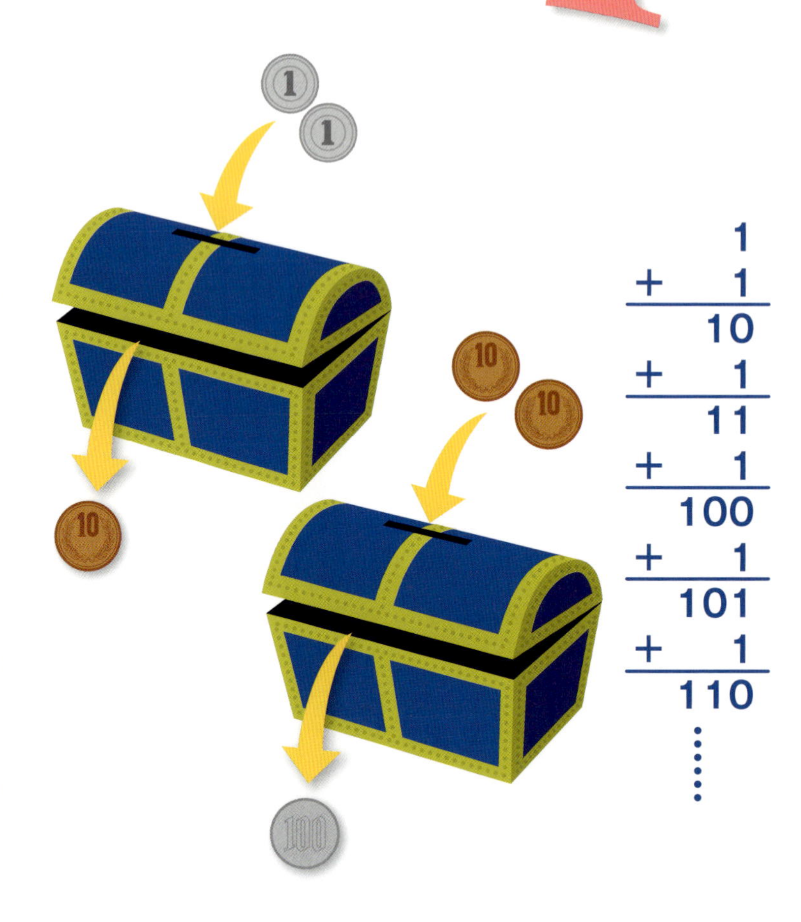

次の 1 ～ 9 に入る数字は？

10進法	0	1	2	3	4	5	6	7	8	9	10	11	13	2	20
2進法	0	1	10	11	100	101	110	111	1000	1001	1010	1	1101	1111	3

2進法の10＋10＝10進法の 4

2進法の11＋100＝10進法の 6

2進法の1＋10＋11＝10進法の 5

2進法の10－1＝10進法の 7

→答えは95ページ

2進法をつかう!

●10進法では両手をつかっても20までしか数えられないが、2進法をつかえば片手で31まで数えることができる。そのやり方は次の通り。

❶指を立てない状態を0、立てた状態を1とする。すると、5本の指で、2進法で5桁の数字までを数えることができる。

2進法	00000	00001	00010	00100	01000	10000	11111
指の形	グー	親指1本	人差指1本	中指1本	薬指1本	小指1本	パー
10進法	0	1	2	4	8	16	31

❷指の組み合わせで、2進法で 00000（＝0）～ 11111（＝10進法の31）を表現することができる。

片手で31まで数える方法

00011
（＝10進法で3）

00101
（＝10進法で5）

00110
（＝10進法で6）

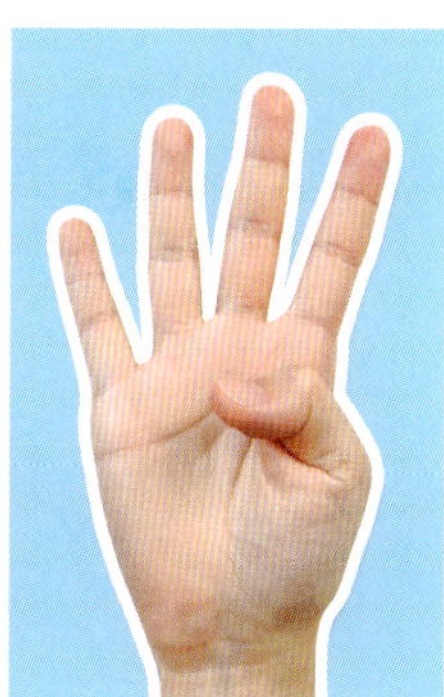
11110
（＝10進法で30）

もっと知りたい

パソコンは2進法?

パソコンのスイッチのところに、⏻のマークがついているのを見たことがあるだろうか。あれは、丸と棒ではなく、「0」と「1」をしめしている。つまり、電池が切れている状態が0で、入っているときが1。パソコンでは、この0と1の状態をつくりだすことで、いろいろなことができるというわけだ。この、0か1の単位をビット(bit)というが、初期のパソコンは、8ビットパソコンといわれていた。8ビットというのは、0か1という2通りの状態が8乗（2×2×2×2×2×2×2×2）になって、256通りのことができるというもの。現在のパソコンは、32ビットになり、はるかに多くのことができるようになった。

さくいん

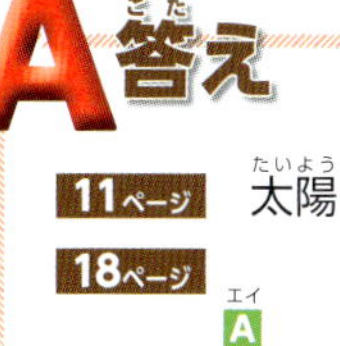

A 答え

11ページ 太陽

18ページ

A　B　C

24ページ

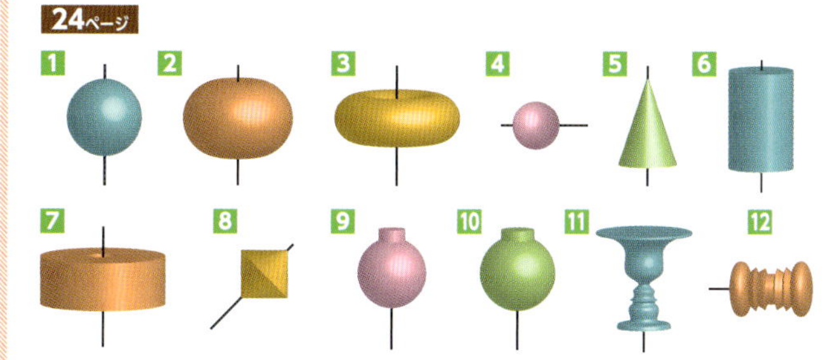

34ページ 1 F、2 B、3 H、4 C、5 E、6 K、7 H、8 I、9 J、10 L、11 A、12 G、13 A、14 D

39ページ

ねんどのかたまりを、棒状にのばしてから、定規ではかって5等分する。

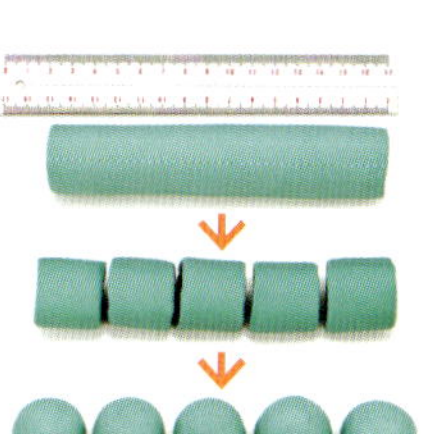

40ページ

Q1　Q2

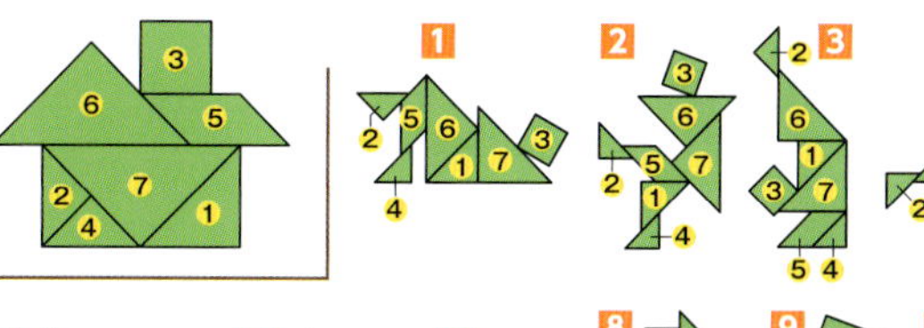

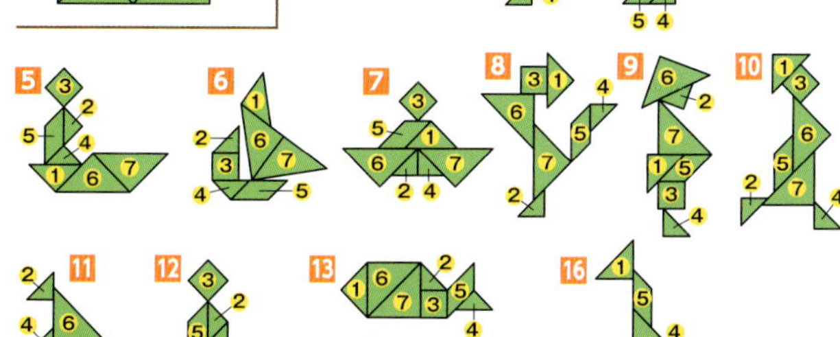

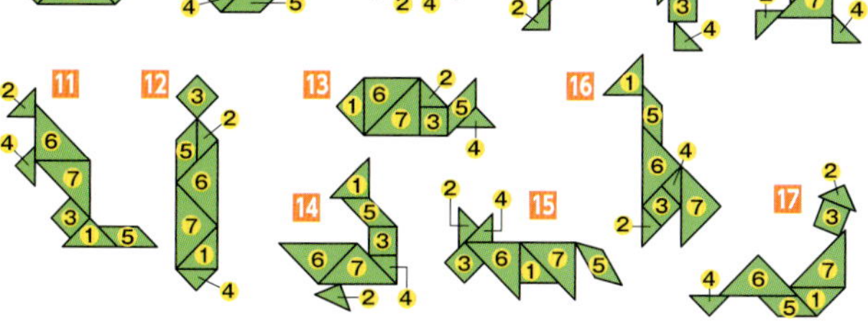

46ページ 1と6、2と5、3と4

52ページ 1 できる、2 できない、3 できる、4 できない、5 できる、6 できる、7 できる、8 できる、9 できる

58ページ 約16cm

ロープの長さをのばしたとき、地球の表面から離れる距離をxとする。ロープの長さをa、地球の半径をrとする。

$a=2\pi r,\ a+1=2\pi(r+x)$

$2\pi r+1=2\pi r+2\pi x$

$1=2\pi x$

$x=\frac{1}{2\pi}$

$x=\frac{1}{2\times3.14}$

$x=0.159.....(m)$

約16cm

60ページ できない（同じ面積なので）。

69ページ

1 小学5年生男子50m走（全国平均）約19.19km/h vs 女子マラソンの選手の世界記録の平均速度 約18.70km/h

2 小学5年生女子50m走（全国平均）約18.69km/h vs 男子平泳ぎ50m世界記録 約6.73km/h

3 プロ野球のピッチャーの投げるボール 約150km/h vs バドミントンのスマッシュ 300km/h以上

4 卓球のスマッシュ 約100km/h vs ハンドボールのシュート 約100km/h

5 高速道路の法定最高速度 100km/h vs チーターの走る速さ 約110km/h

6 スピードスケートの選手（500m走）約52.88km/h vs ウサイン・ボルト（100m走）約37.58km/h

7 競走馬の平均速度 約60～70km/h vs 女子ソフトボール日本代表ピッチャーの投げるボール 約105～120km/h

8 スキージャンプ（踏切時）約90km/h vs 自転車のロードレースの平均速度 約40km/h以上

9 ボブスレー4人乗り（最速時）約150km/h vs オートバイのロードレース（最速時）約330km/h

10 ジャンボジェットの巡航速度 約900km/h vs スペースシャトル（地球をまわっているとき）2万8800km/h

86ページ A 8、B 55

90ページ （顔マーク）=12、（顔マーク）=15

93ページ 1 1011、2 15、3 10100、4 4、5 6、6 7、7 1

監修者／清水美憲（しみず　よしのり）

筑波大学人間系教授。長野県出身。東京学芸大学助教授、インディアナ大学客員研究員などを経て、現職。研究分野は、数学の学力評価と授業の国際比較研究。著書に『授業を科学する―数学の授業への新しいアプローチ』（学文社）ほか。本拠地・川崎球場、オレンジに黄緑のユニフォーム時代からの生粋の横浜DeNAベイスターズのファン。長野県歌「信濃の国」を熱唱する。

企画・構成・文／稲葉茂勝（いなば　しげかつ）

1953年東京都生まれ。大阪外国語大学、東京外国語大学卒業。国際理解教育学会会員。子ども向けの書籍のプロデューサーとして発表した本は、これまでに1000冊にのぼる。自らの著書・翻訳書の数は50冊以上にのぼる。

編集／こどもくらぶ
（大久保昌彦、道垣内大志、原田莉佳）

こどもくらぶは、あそび・教育・福祉分野で、子どもに関する書籍を企画・編集している。おもな作品に『目でみる単位の図鑑』『信じられない現実の大図鑑』『0歳からのえいご絵ずかん』『小学生の英語絵ずかん』『できるまで大図鑑』（以上、東京書籍）、『日本の工業』『知ろう！　防ごう！　自然災害』（以上、岩崎書店）、『歴史ビジュアル実物大図鑑』『はたらくじどう車スーパーずかん』『ポプラディア大図鑑　WONDA　鉄道』（以上、ポプラ社）など、毎年100タイトルほどの児童書を企画、編集している。
ホームページ　http://www.imajinsha.co.jp

指導／横地 清（よこち　きよし）

装幀／松田行正＋杉本聖士（マツダオフィス）

DTP・制作／エヌ・アンド・エス企画（中村和沙）

写真協力（五十音順・敬称略）
株式会社アメリカンボウリングサービス
株式会社イミオ
株式会社シミズ貴石
株式会社モルテン
一般社団法人わかちあいプロジェクト
株式会社渡辺教具製作所

©Africa Studio / ©akiyoko / ©Caito / ©gekaskr / ©julvil / ©Natalia Bratslavsky / ©peacebuts / ©sakai2132000 - Fotolia / ©tameek / ©Tsuboya / ©Vaidas Bucys /

※この本のデータは、2015年6月までに調べたものです。

目でみる算数の図鑑

2015年 8月 17日　初版第1刷発行

監修者　清水美憲
発行者　川畑慈範
発行所　東京書籍株式会社
〒114-8524　東京都北区堀船2-17-1
電話 03-5390-7531（営業）03-5390-7508（編集）
http://www.tokyo-shoseki.co.jp
印刷・製本　図書印刷株式会社

ISBN 978-4-487-80915-8 C0640